全国技工院校计算机类专业教材

（中/高级技能层级）

Internet 基础与应用

（第三版）

人力资源社会保障部教材办公室　组织编写

中国劳动社会保障出版社

简介

本书的主要内容包括Internet的使用、Internet的接入、Internet的使用安全、Internet的故障检查等。

本书由奚一飞主编，方宏、李文远、沈鹏、岳刚、施春、赵维丽、刘嘉、王秋玲、俞文洪、徐艳红、唐俊参与编写。

图书在版编目（CIP）数据

Internet基础与应用 / 人力资源社会保障部教材办公室组织编写 . -- 3版 . -- 北京：中国劳动社会保障出版社，2019

全国技工院校计算机类专业教材. 中/高级技能层级

ISBN 978-7-5167-4119-1

Ⅰ. ①I… Ⅱ. ①人… Ⅲ. ①互联网络－技工学校－教材 Ⅳ. ①TP393.4

中国版本图书馆CIP数据核字（2019）第174702号

中国劳动社会保障出版社出版发行

（北京市惠新东街1号 邮政编码：100029）

*

北京市艺辉印刷有限公司印刷装订 新华书店经销

787毫米×1092毫米 16开本 9印张 170千字

2019年8月第3版 2019年8月第1次印刷

定价：24.00元

读者服务部电话：（010）64929211/84209101/64921644

营销中心电话：（010）64962347

出版社网址：http://www.class.com.cn

http://zyjy.class.com.cn

前　言

为了更好地满足技工院校计算机类专业的教学要求，适应计算机行业的发展现状，全面提升教学质量，人力资源社会保障部教材办公室组织全国有关学校的一线教师和行业、企业专家，充分调研企业用人需求和学校教学情况，吸收借鉴各地技工院校教学改革的成功经验，根据人力资源社会保障部颁发的《技工院校计算机类通用专业课教学大纲（2015）》《技工院校计算机应用与维修专业教学计划和教学大纲（2015）》《技工院校计算机网络应用专业教学计划和教学大纲（2015）》对相关教材进行了修订。本次修订的教材包括:《电工与电子技术基础（第三版）》《键盘操作与五笔字型（第二版）》《计算机应用基础（第二版）》《常用办公软件（第三版）》《计算机组装与维护（第二版）》《Dreamweaver 网页设计与制作（第二版）》《Photoshop 平面设计与制作（第二版）》《Flash 动画设计与制作（第二版）》《计算机网络基础与应用（第二版）》《Internet 基础与应用（第三版）》《常用工具软件（第三版）》《微型计算机外围设备（第四版）》《制图与机械常识（第三版）》等。

本次教材修订工作的重点主要有以下几个方面:

第一，坚持以能力为本位，突出职业教育特色。

根据计算机类专业毕业生所从事职业的实际需要，合理确定学生应具备的知识结构与能力结构，对教材内容的深度、难度做了调整。同时，进一步加强实践性应用环节，突出职业教育特色，以满足社会对技能型人才的需要。

第二，兼顾技术发展与教学条件，突出计算机综合应用能力培养。

针对计算机软、硬件更新迅速的特点，在教学内容选取上，既注重体现新软件、新知识，又兼顾技工院校教学实际条件。在教学内容组织上，不仅仅局限于某一计算机软件版本的具体功能，而是更注重计算机使用能力的拓展，使学生能够触类旁通，提升计算机使用的综合能力，为后续专业课程的学习打下良好的基础。

第三，创新教材编写模式，注重实践能力培养。

根据技工院校学生认知规律，创新教材编写模式，以完成具体工作过程为主线组织教材内容，将理论知识的讲解与具体的任务载体有机结合，激发学生学习兴趣，提高学生实践能力。

第四，丰富教材表现形式，提高教材可读性。

在表现形式上，通过丰富的操作图片和软件截图详尽地指导任务操作步骤和软件使用方法，使教材内容更加直观、形象。结合计算机类专业教材的特点，多数教材采用四色印刷，图文并茂，增强了教材内容的表现效果，提高了教材的可读性。

第五，开发多种教学资源，提供优质教学服务。

在教学服务方面，为方便教师教学和学生学习，配套提供了制作素材、电子课件、教案示例等教学资源，可通过职业教育教学资源和数字学习中心网站（http://zyjy.class.com.cn）下载使用。在部分教材中还借助二维码技术，针对教材中的重点、难点内容，开发制作了操作演示微视频，可使用移动设备扫描书中二维码在线观看。

本次教材的改版工作得到了河北、黑龙江、江苏、河南、广东、重庆等省（直辖市）人力资源社会保障厅（局）及有关学校的大力支持，在此我们表示诚挚的谢意。

人力资源社会保障部教材办公室

2019 年 1 月

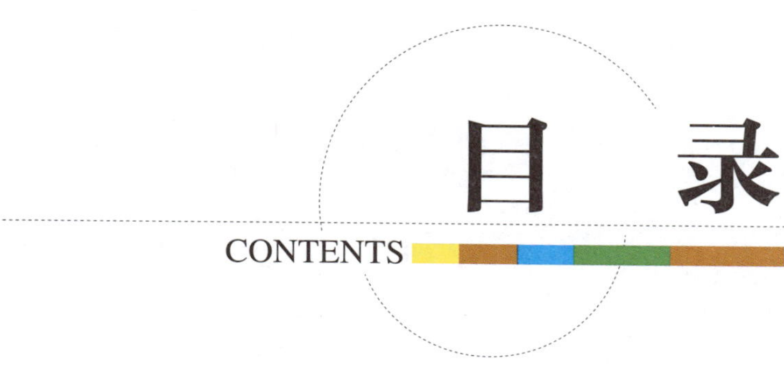

目　录

CONTENTS

项目一 Internet的使用

自20世纪60年代问世以来，计算机网络已经深入到人们工作、学习和生活的各个方面。在家中，可以通过ADSL、LAN、光纤等方式连接到Internet（因特网）中，享受Internet所提供的服务，如WWW浏览、文件下载或上传、电子公告板（BBS）、发送或接收电子邮件、网络游戏、观看视频、即时通信等。这些服务不仅拓展了获取信息、与他人交流的渠道，也丰富了人们生活、工作、学习和娱乐的方式。随着移动网络的发展和智能手机的普及，在人们生活中已经处处离不开网络，如超市、银行、政府部门和学校等已普遍提供基于网络的服务。总之，网络应用无处不在。

本项目的目的是使读者对计算机网络有一个基本的了解和认识，掌握计算机网络的概念，了解计算机网络的产生与发展，熟悉计算机网络的分类，掌握计算机网络的主要功能和计算机网络的应用。

具体任务设置如下：

- IE浏览器的使用。
- 搜索引擎和下载工具的使用。
- 电子邮件的使用。
- 即时通信工具QQ的使用。
- 体验网上购物。

任务1 IE浏览器的使用

学习目标

1. 掌握网络中URL及域名的概念。

2. 了解 TCP/IP 协议。

3. 掌握浏览器的相关知识。

4. 能够使用 IE 浏览器访问 Internet，并对 IE 浏览器进行设置。

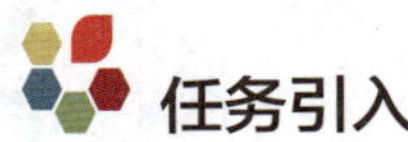

任务引入

Internet（因特网）是一个通过无数台计算机和网络设备连接起来的全球范围的计算机网络。浏览器是上网时必须具备的软件，它在用户和 Internet 之间打开一个窗口进行联络，用户通过浏览器能看到 Internet 中多彩的世界。本任务通过使用 Microsoft 公司开发的 IE 浏览器访问 Internet、对 IE 浏览器进行设置、进行站点收藏和保存，来掌握网络中 URL 及域名的概念，以及 TCP/IP 协议在网络与窗口之间是如何实现通信的。

任务实施

一、认识 IE 操作界面

IE 浏览器的全称为 Internet Explorer，是 Microsoft 公司开发的基于超文本技术的浏览器，是目前使用人数最多的浏览器。

1. 启动 IE 浏览器

IE 浏览器一般都是作为 Windows 系列操作系统的自带浏览器集成在系统中的，双击桌面上 IE 浏览器的图标即可启动。

2. 认识 IE 11.0 的操作界面

IE 11.0 的操作界面如图 1—1—1 所示，其各部分的功能如下：

（1）控制按钮：与 Windows 操作系统的其他窗口类似，从左到右依次是“最小化窗口”按钮、“最大化窗口”按钮、“关闭窗口”按钮，用于在浏览网页的过程中控制页面大小或关闭浏览器。

（2）菜单栏：它包含了 IE 浏览器中的所有操作命令，浏览器中的所有功能都能在这些菜单中得到实现。

（3）工具栏：菜单栏中最常用的选项以按钮的方式放置在工具栏中，用户只需要单击这些按钮就可以实现相应的功能，如图 1—1—2 所示。

1）“后退”按钮：单击该按钮可返回到最近一次访问过的网页。

2）“前进”按钮：单击该按钮可以前进到后退前的一个网页，但该按钮需要使用过“后退”按钮之后才能被激活。

图 1—1—1

图 1—1—2

3）"主页"按钮：单击该按钮可返回到用户自己设定的浏览器刚打开时所显示的默认页面。

4）"收藏夹"按钮：单击该按钮会显示下拉菜单，菜单中列出了用户收藏的网站名称，单击菜单中的某网站名称即可迅速访问该网站页面。

5）“刷新”按钮：单击该按钮可使浏览器再次从服务器站点读取当前网页的内容，常用于网页下载中断的情况。

（4）地址栏：在地址栏中输入要浏览的网页的网址，然后按“回车”键，系统就会自动地与该网页取得链接交互信息。

（5）链接栏：在同时打开多个页面的时候，每个页面都会以标签的形式显示在链接栏中，单击这些标签就可以转到相应的页面。

（6）浏览窗口：也叫作浏览区，是显示网页具体页面内容的区域，用户可以拖动右侧或下方的滚动条来调整要浏览页面的位置。

（7）状态栏：用来显示 IE 浏览器当前状态信息，如页面下载的完成比例、页面链接信息和状态等。

二、通过 IE 浏览器访问 Internet

1. 通过地址栏浏览网页

启动 IE 浏览器后弹出的页面为系统默认设置的主页页面，只要在地址栏中输入要浏览的网页的网址，如图 1—1—3 所示输入“http://www.qq.com”，然后按“转到”按钮或敲击“回车”键就可以打开相应的页面，如图 1—1—4 所示。

图 1—1—3

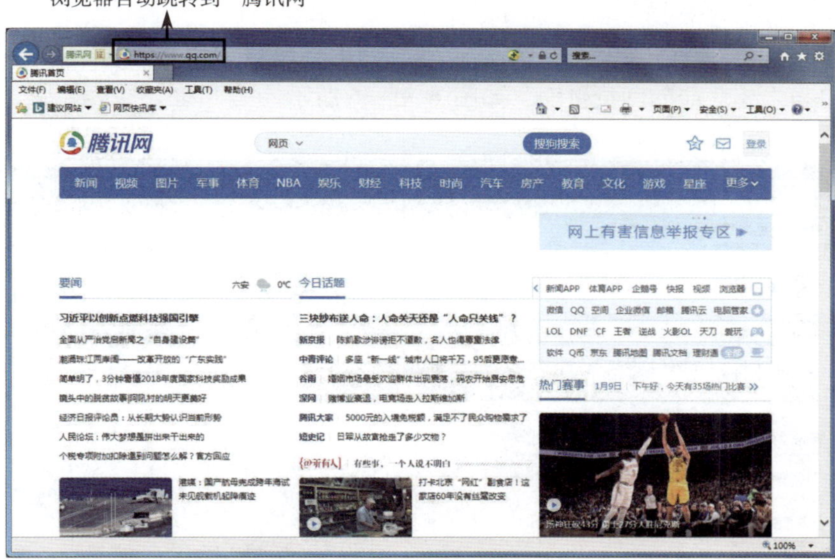

● 图 1—1—4

提示：

Internet 上的资源有多种支持协议，上面采用的“HTTP 协议”是最常用的协议，除此之外，有些服务器也可以采用其他协议进行访问，如香港中文大学的 FTP 页面（ftp://ftp.scene.org/music/groups/），只要在地址栏中输入该网址，就可以访问该服务器下的目录，如图 1—1—5 所示。

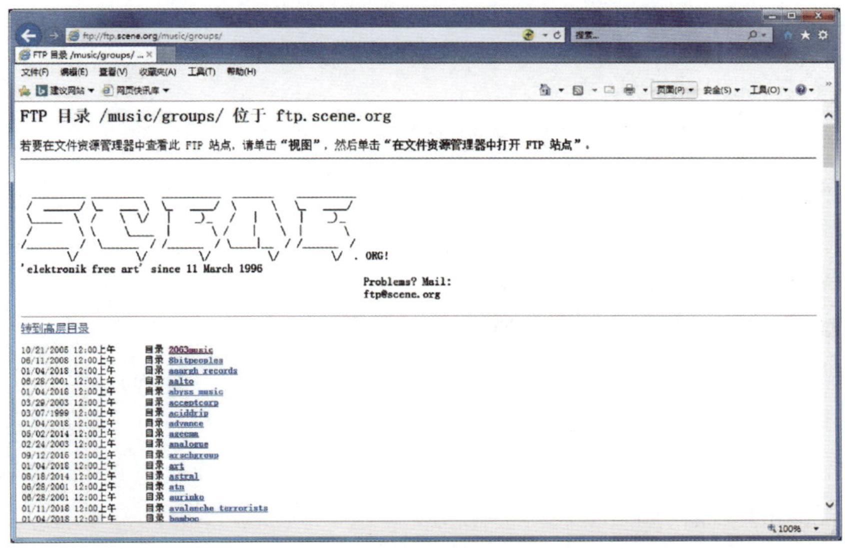

● 图 1—1—5

2. 通过超链接浏览网页

将鼠标指针移到网页中的某个超链接处，当鼠标指针变成☝形状时，单击该超链接即可弹出与之相对应的网页页面，如图 1—1—6 所示。

当鼠标移动到带有超链的文字时，
文字变为蓝色

● 图 1—1—6

三、对 IE 浏览器进行设置

1. 设置 IE 浏览器的默认主页

默认主页是浏览器每次打开时首先显示的页面，为满足每位用户的个性化需求，IE 可以实现默认主页的自定义设置。如把主页设置成“www.hao123.com”网址之家的首页，其操作步骤如下：

（1）启动 IE 浏览器，单击菜单栏中的“工具”菜单，在弹出的下拉菜单中选择“Internet 选项”命令，如图 1—1—7 所示。

（2）在弹出的窗口中选择“常规”选项卡，再在选项卡的主页输入栏中输入要设置的主页“www.hao123.com”，然后单击“确定”按钮即可，如图 1—1—8 所示。

（3）此时关闭浏览器，再重新启动，则浏览器默认首先打开的是“www.hao123.com”网址之家的页面，如图 1—1—9 所示。

单击“工具”菜单
选择“Internet选项”命令

图 1—1—7

选择“常规”选项卡
在此输入要设置为主页的网址
Internet 选项
常规
安全
隐私
内容
连接
程序
高级
主页
若要创建多个主页选项卡，请在每行输入一个地址(R)。
https://www.hao123.com/
使用当前页(C)
使用默认值(F)
使用新选项卡(U)
启动
从上次会话中的选项卡开始(B)
从主页开始(H)
选项卡
更改网页在选项卡中的显示方式。
选项卡(T)
浏览历史记录
删除临时文件、历史记录、Cookie、保存的密码和网页表单信息。
退出时删除浏览历史记录(W)
删除(D)...
设置(S)
外观
颜色(O)
语言(L)
字体(N)
辅助功能(E)
确定
取消
应用(A)

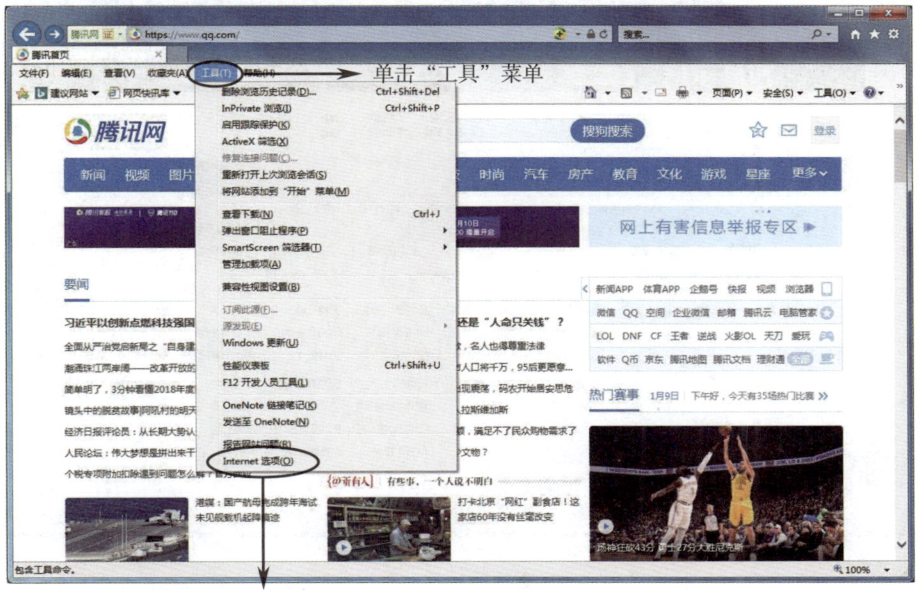

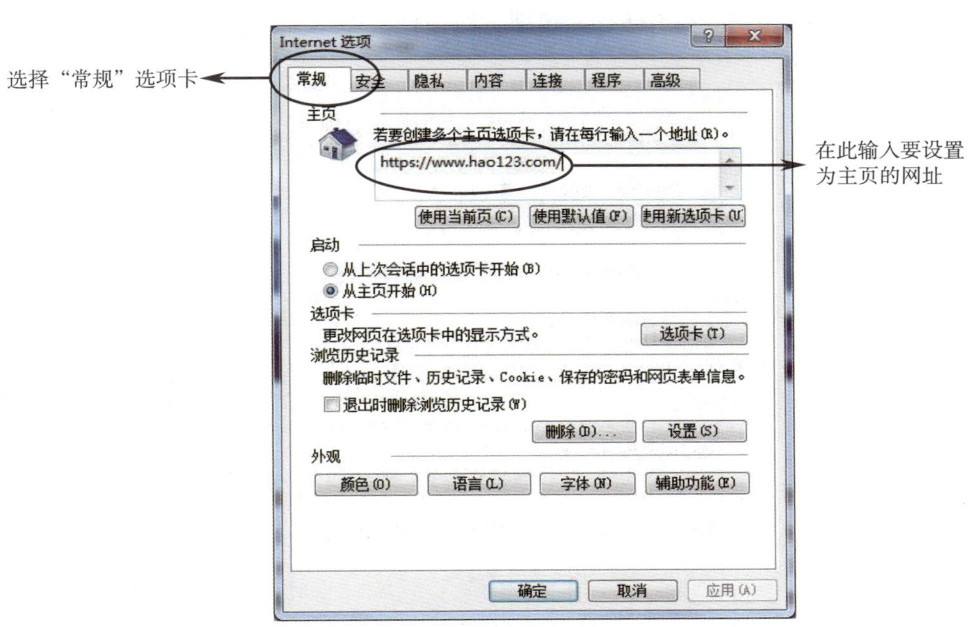

图 1—1—8

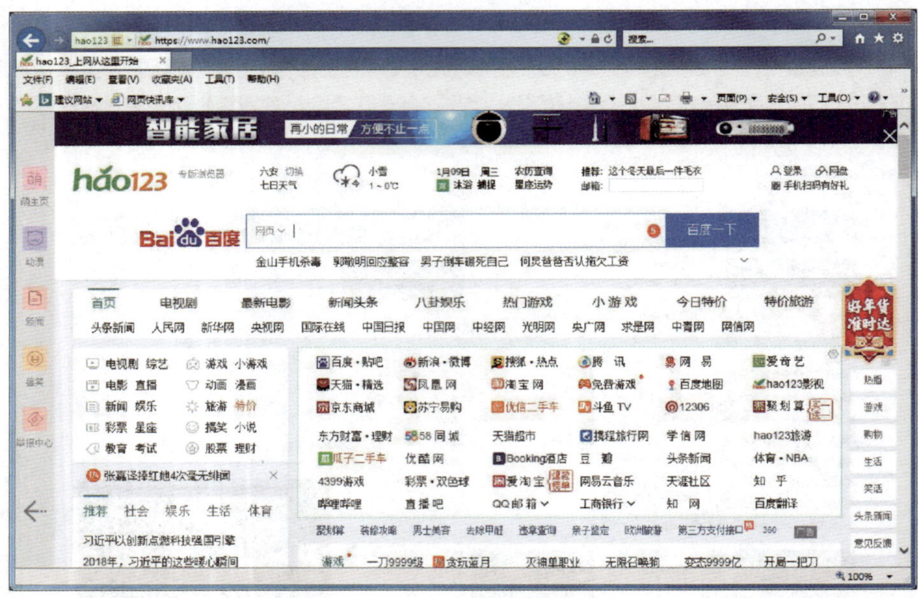

● 图 1—1—9

2. IE 浏览器的历史记录和临时文件管理

（1）打开 IE 浏览器，单击菜单栏中的“工具”菜单，在弹出的下拉菜单中选择“Internet 选项”命令，打开“Internet 选项”对话框，如图 1—1—10 所示。

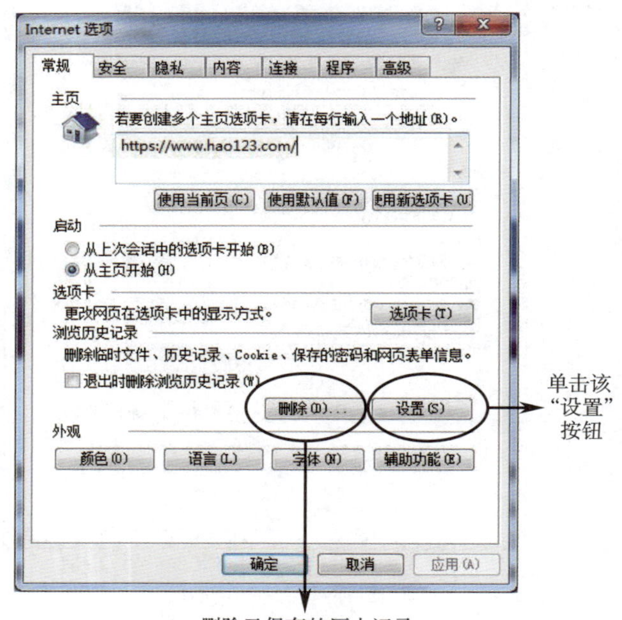

● 图 1—1—10

（2）单击上图中“常规”选项卡“浏览历史记录”选项组中的“设置”按钮，弹出“网站数据设置”对话框，在此对话框中可以对历史记录保存天数、临时文件是否需要存储以及存储临时文件的磁盘空间大小和位置等进行设置，如图 1—1—11 所示。

（3）单击图 1—1—10 中“浏览历史记录”选项组中的“删除”按钮，弹出“删除浏览历史记录”对话框，可以直接删除已经保存了的网页临时文件、Cookie 信息、历史记录等，如图 1—1—12 所示。

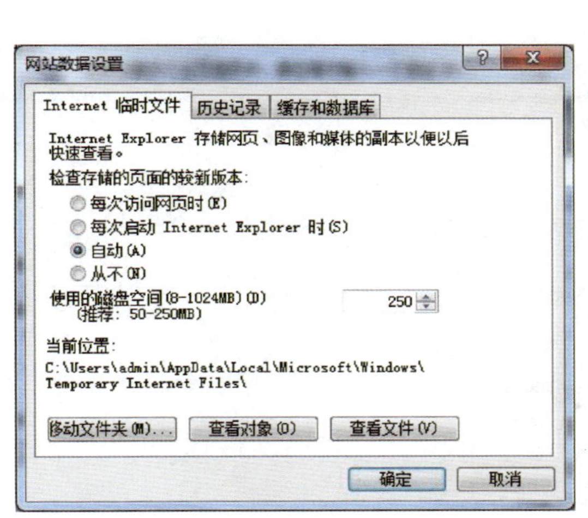

图 1—1—11

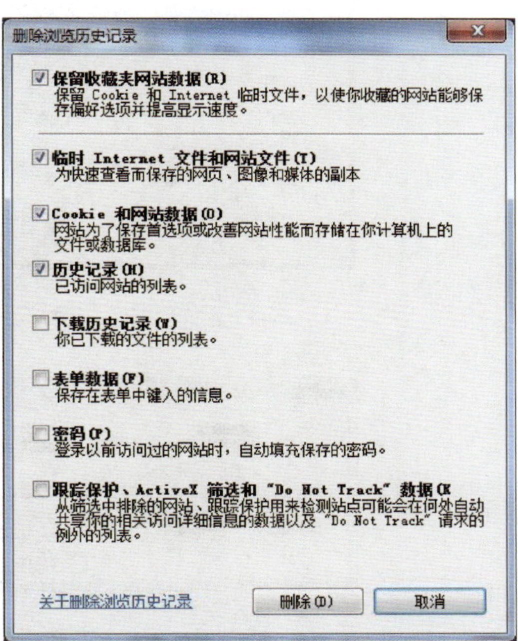

图 1—1—12

四、站点收藏和保存

1. 将正在浏览的网页添加至收藏夹

如果用户正在浏览某一网页，认为以后可能还会用到这个网页，则可以将其添加到收藏夹中，下次浏览该网页时直接单击收藏夹中的标签即可。其具体操作步骤如下（以收藏正在浏览的“榕树下”网页为例）：

（1）如图 1—1—13 所示，在正在浏览“榕树下”网页的浏览器上单击“收藏夹”按钮。

（2）在弹出的“添加收藏”对话框中，输入所收藏网页的名称标签（也可以采用默认名称），再单击“添加”按钮即可，如图 1—1—14 所示。

图 1—1—13

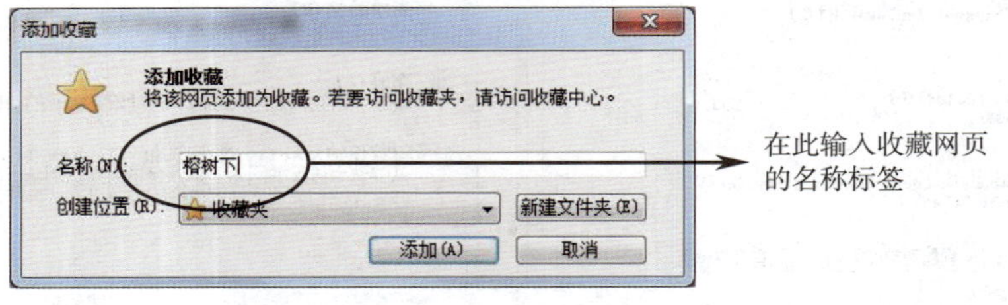

图 1—1—14

（3）再次访问该网页时只需打开收藏夹，单击对应的页面标签即可，如图 1—1—15 所示。

2. 保存正在浏览的整个网页

浏览网页时，若想将网页信息保存，以便断开网络之后仍然可以随时查看，可以将正在浏览的整个网页进行保存。具体步骤如下：

（1）单击浏览器中的“文件”菜单，在下拉菜单中选择“另存为”命令，如图 1—1—16 所示。

（2）在弹出的对话框中选择存储该网页的硬盘地址后单击“保存”按钮。

（3）保存之后的网页在存储位置显示为 探梦红楼_榕树下.htm 探梦红楼_榕树下_files，包含一个 htm 页面文件和一个用来存储该页面中所用到的图片、图标等的文件夹，两个文件需同时存放。如果删除存放图片的文件夹，则 htm 页面中的图片将不能正常显示。

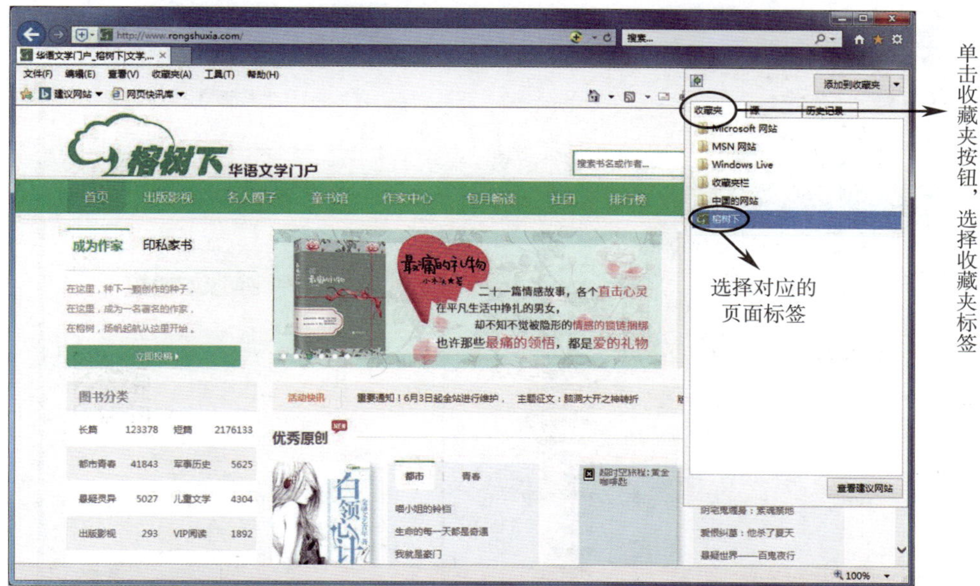

图 1—1—15

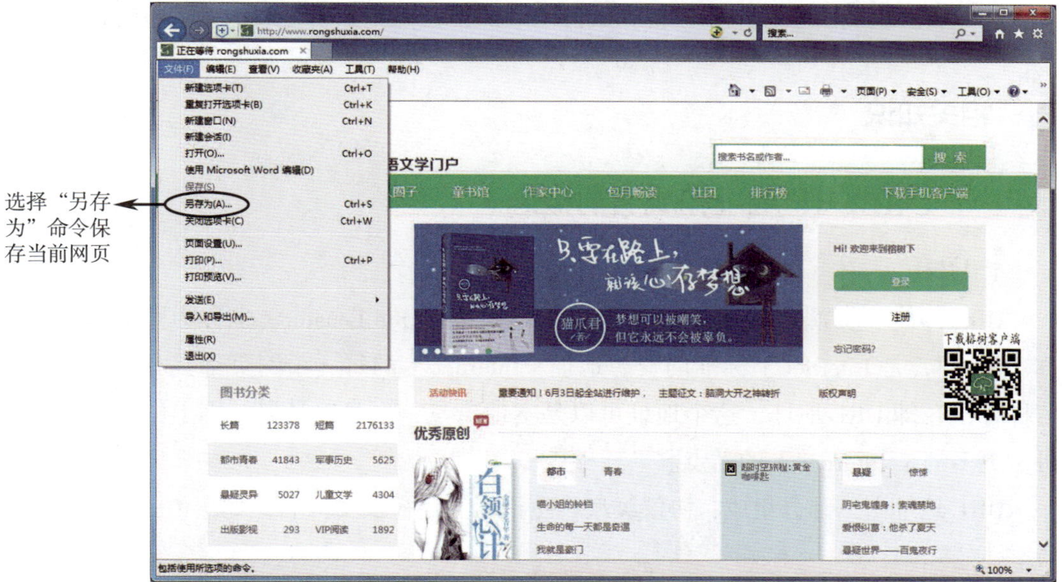

图 1—1—16

（4）在网络断开的情况下要浏览已保存的网页，单击对应的“*.htm”文件即可。

3. 保存网页中的图片

（1）在想要保存的图片上单击鼠标右键，在弹出的快捷菜单中选择“图片另存为”命令，如图 1—1—17 所示。

● 图 1—1—17

（2）在弹出的对话框中，选择存放此图片的硬盘位置并单击“保存”按钮即可。

相关知识

一、URL、IP 地址和域名的概念

1. URL

URL 即统一资源定位符（Uniform/Universal Resource Locator）也称为网页地址，俗称“网址”，是 Internet 上标准的资源地址。Internet 上的每一个网页都具有一个唯一的名称标识，即 URL 地址，这个地址可以是本地磁盘，也可以是局域网上的某一台计算机，更多的是 Internet 上的站点。

URL 地址由三部分组成：协议类型、主机名、路径及文件名，如图 1—1—18 所示。

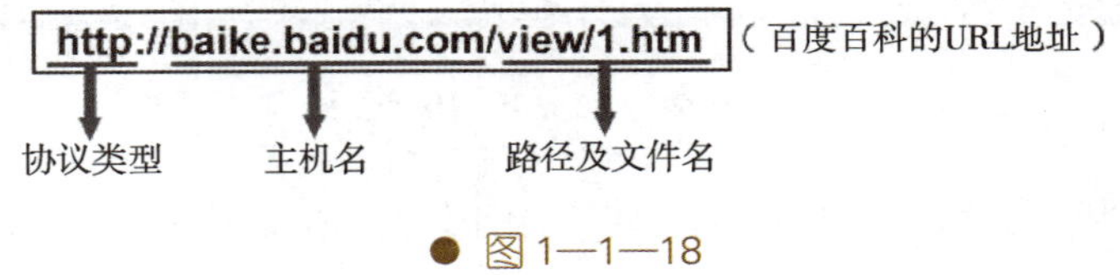

● 图 1—1—18

2. IP 地址

IP 地址是在网络上分配给每台计算机或网络设备的 32 位数字标识。为了便于阅

读和记忆，用点号将 IP 地址分成四个 8 位二进制组，每个 8 位二进制组用十进制数 0 ~ 255 表示，称为点分十进制。在同一个网络中，每台计算机或网络设备的 IP 地址是唯一的。例如，某台主机的 IP 地址是 219.134.132.131。

3. 域名

域名是由一串用点号分隔的名字组成的 Internet 上某一台计算机或计算机组的名称，用于在数据传输时标识计算机的电子方位。它是与网站主页 IP 地址相对应的一串容易记忆的字符，是由若干个从 a 到 z 的 26 个英文字母、0 到 9 的 10 个阿拉伯数字及“—”“.”符号构成并按一定的层次和逻辑排列的名称。如：

www.sina.com.cn（新浪网） www.cnnic.net.cn（中国互联网络信息中心）

www.ynu.edu.cn（云南大学） www.redcross.org.cn（中国红十字会）

www.caep.ac.cn（中国工程物理研究院） www.yn.gov.cn（云南省人民政府）

域名分为不同级别，包括顶级域名、二级域名等。顶级域名又分为两类，一类是国家顶级域名，另一类是国际顶级域名。

（1）国家顶级域名

如中国是 cn，美国是 us，日本是 jp 等。

（2）国际顶级域名

常见的国际顶级域名有以下几种：

1）.com 域名：表示商业机构。

2）.net 域名：表示网络服务机构。

3）.edu 域名：表示教育机构。

4）.org 域名：表示各种非营利性的组织机构。

5）.gov 域名：表示政府机构。

6）.ac 域名：表示科研机构。

（3）二级域名

二级域名是指顶级域名之下的域名，是域名的倒数第二个部分。在国际顶级域名下，则是指域名注册人的网上名称，例如 ibm，yahoo，microsoft 等；在国家顶级域名下，则是指表示注册单位类别的符号，例如 .com，.edu，.gov，.net 等。

二、TCP/IP 协议

计算机网络是由多个相互连接的节点组成的，节点之间需要不断地交换数据与控制信息。为了做到有条不紊地交换数据，每个节点都必须遵守一些事先约定好的规则。这些为进行计算机网络中的数据交换而建立的规则、标准或约定的集合被称为网络协议（Protocol）。常用的网络协议有 TCP/IP 协议、IPX/SPX 协议和 NetBEUI 协议等。

TCP/IP 协议（传输控制协议 / 因特网互联协议）又称为网络通信协议，这个协议是 Internet 最基本的协议，主要包括 TCP 协议、IP 协议、UDP 协议、ICMP 协议、HTTP 协议、FTP 协议、Telnet 协议、SMTP 协议等。

TCP/IP 协议采用层次体系结构，自下而上分别为网络接口层、网际层、传输层和应用层，每一层都实现特定的网络功能。

1. 网络接口层

网络接口层提供 TCP/IP 协议的数据结构与各种物理网络的接口。物理网络是指各种局域网和广域网，如以太网（Ethernet）和 X.25 公共分组交换网等。

2. 网际层

网际层解决计算机与计算机之间的通信问题，这一层的通信协议统一为 IP 协议。

3. 传输层

传输层提供可靠传输的方法。传输层常用的协议是 TCP 协议（传输控制协议）和 UDP 协议（用户数据报协议）。TCP 协议提供了可靠传输机制，能够自动检测丢失的数据并自动重传，弥补 IP 协议的不足。TCP 协议和 IP 协议总是协调一致地工作，以确保数据的可靠传输。

4. 应用层

应用层是 TCP/IP 协议栈的顶层。所有的应用程序都包含在这一层中，使用该层来获得访问网络的权限。目前，常用的应用层协议有 HTTP 协议、FTP 协议、Telnet 协议和 SMTP 协议等。

（1）HTTP 协议

超文本传输协议（Hyper Text Transfer Protocol，HTTP）是互联网上应用最为广泛的一种网络协议，所有的 WWW 文件都必须遵守这个标准。它是用户浏览器与 Web 服务器进行交流的协议，是一种无连接协议，即 Web 浏览器和 Web 服务器彼此之间不需要建立连接，它们只是来回发送独立的消息。

（2）FTP 协议

文件传输协议（File Transfer Protocol，FTP）是基于客户 / 服务器模型而设计的，客户和服务器之间利用 TCP 协议建立一个双重连接，一个是控制连接，另一个是数据连接。建立双重连接的原因在于 FTP 是一个交互式会话系统，客户每次调用 FTP，都要与服务器建立一个会话，会话以控制连接来维持，直至退出 FTP。

（3）Telnet 协议

远程登录协议 Telnet 是 Internet 远程登录服务的标准协议和主要方式。远程登录的根本目的在于访问远地系统的资源，而且像远地机的当地用户一样。远程登录者先在本地终端上对远地系统进行登录，然后将本地终端的输入数据等发送到远地机，再将远地机返回的数据送回本地终端。日常使用的 QQ 软件就是利用 Telnet 协议进行通信的。

（4）SMTP 协议

简单邮件传输协议（Simple Mail Transfer Protocol，SMTP）是一种提供可靠且有效电子邮件传输的协议。SMTP 协议是建立在 FTP 文件传输协议上的一种邮件协议，主要用于传输系统之间的邮件信息并提供与来信有关的通知。

三、浏览器相关知识

1. 超链接

超链接是指从一个网页指向另一个目标的链接关系，这个目标可以是另一个网页，也可以是相同网页上的不同位置，或者是一个图片、一个电子邮件地址、一个文件，甚至是一个应用程序。而在一个网页中用来设置超链接的对象，可以是图片、文字、三维图像、动画等。超链接实际上就是网页的一部分，它是一种允许用户同其他网页或站点之间进行连接的元素。

2. IE 历史记录

IE 历史记录文件夹记录了最近一段时间内用户浏览过的网页。默认设置天数以内，用户浏览过的网页地址都会被自动保存，如图 1—1—19 所示。

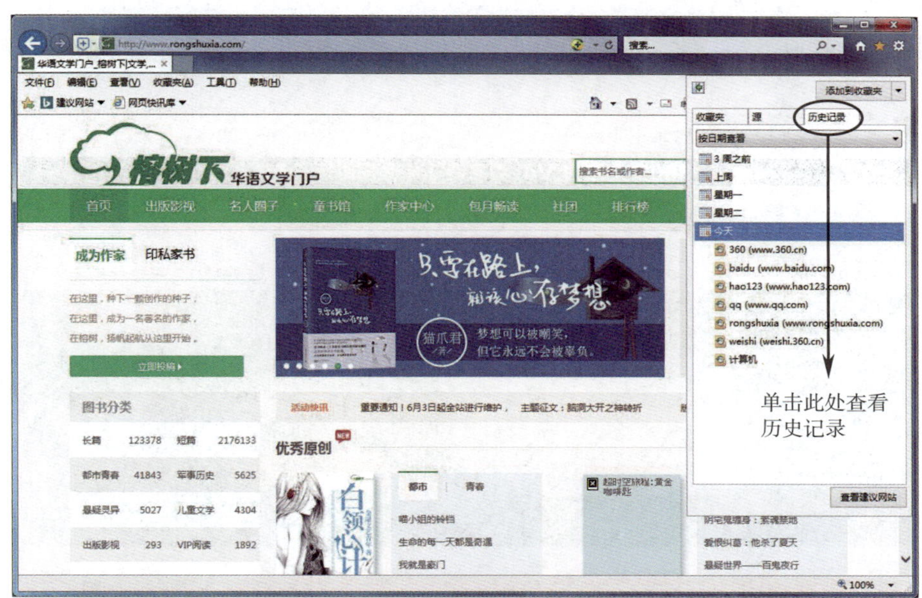

图 1—1—19

3. IE 临时文件

网页里看到的内容都要先下载到用户计算机里，然后才能调用浏览，这些先下载的

内容就是 IE 临时文件。IE 临时文件默认的保存位置是“C:\…\Temporary Internet Files”，它存放着用户最近浏览过的网页内容。IE 临时文件的优点是可以提高用户的上网浏览速度，但是它要占用硬盘的磁盘空间，所以需要经常清理。

4. Cookie

Cookie 指某些网站为了辨别用户身份、进行 Session 跟踪而储存在用户本地终端上的数据（通常经过加密）。Cookie 好比是商场发送的优惠卡。顾客在商场购物结账时，商场可以决定是否赠送给顾客一张优惠卡，优惠卡上记载着与顾客有关的一些信息（如顾客累计购物的金额和有效期限等）。顾客可以决定是否接受优惠卡，一旦顾客接受了优惠卡，那么在以后每次光顾该商场时，都将携带这张优惠卡，商场也将根据这张优惠卡上记载的信息进行一些特殊的事务处理。

四、其他常用浏览器介绍

其他常用的浏览器还有 360 安全浏览器、谷歌浏览器和搜狗浏览器等，这几种常用浏览器的使用方法和 IE 浏览器基本类似。

1. 360 安全浏览器

360 安全浏览器（见图 1—1—20）是互联网上使用较为安全的新一代浏览器，拥有全国最大的恶意网址库，采用恶意网址拦截技术，可自动拦截木马、欺诈、网银仿冒等恶意网址。它拥有沙箱技术，在隔离模式下即使访问有木马的网站也不会被木马所感染。

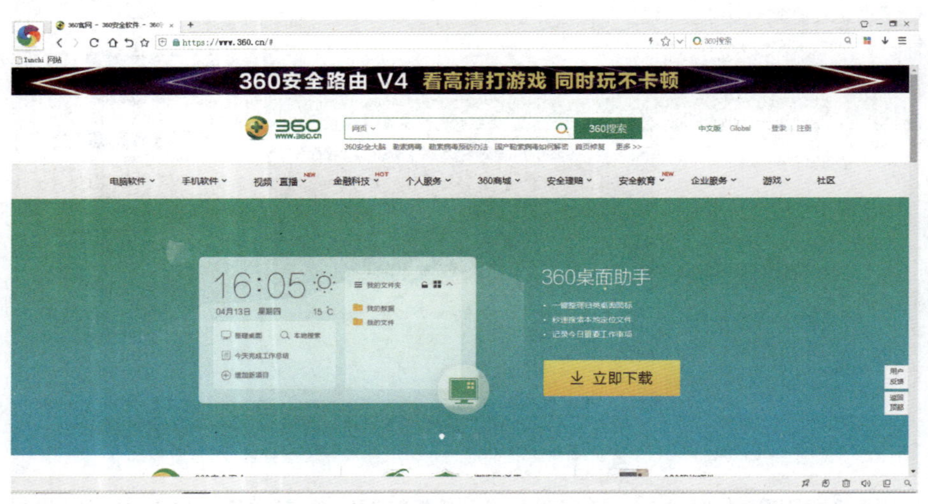

图 1—1—20

2. 谷歌浏览器

谷歌浏览器（见图 1—1—21）是一款由 Google 公司开发的网页浏览器。该浏览器基于其他开源软件撰写，目标是提升稳定性、速度和安全性，并创造出简单且有效率的使用者界面。

图 1—1—21

3. 搜狗浏览器

搜狗浏览器（见图 1—1—22）是由搜狗公司开发，基于谷歌 chromium 内核，力求为用户提供跨终端无缝使用体验，让上网更简单、网页阅读更流畅的浏览器。搜狗手机浏览器还具有 WiFi 预加载、收藏同步、夜间模式、无痕浏览、自定义炫彩皮肤、手势操作等众多易用功能。

图 1—1—22

知识拓展

一、IE 浏览器的安全设置

IE 浏览器具有简单的网站拦截功能，当某些网站存在安全威胁时，用户可以定义该网站为浏览器访问的受限站点，这样就能过滤掉这个网站。其具体的实现步骤为：

1. 打开 IE 浏览器，选择“工具”→“Internet 选项”→“安全”选项卡，如图 1—1—23 所示。

2. 在“安全”选项卡中选择“受限制的站点”，然后单击下方的“站点”按钮，打开如图 1—1—24 所示对话框，将要拦截的网站地址输入添加区域，然后单击“添加”按钮，则下次访问该网站时，会提示该网站为受限网站。同理，也可进行可信站点的添加。

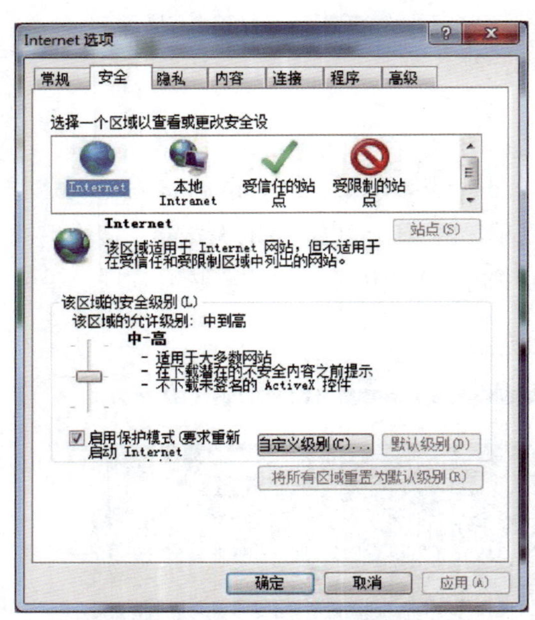

图 1—1—23

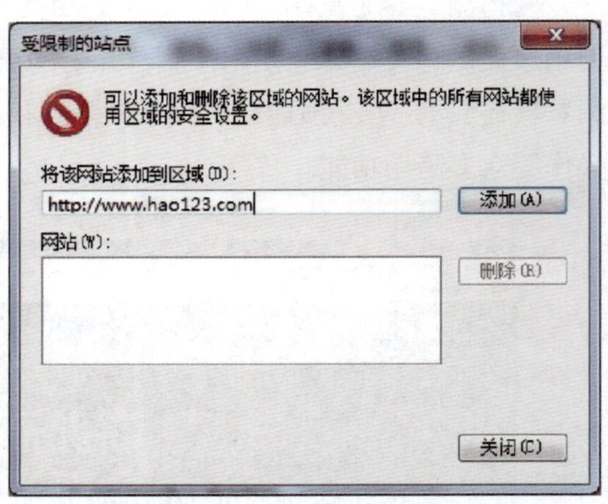

图 1—1—24

二、网络搜索引擎

网络搜索引擎是指以一定的策略对 Internet 上的网络资源进行搜集整理，供用户查询使用的软件。

网络搜索引擎按信息搜集方式的不同分为以下两类：

1. 全文搜索引擎

全文搜索引擎是一种基于关键字的搜索方式。全文搜索引擎的工作原理是由一个蜘蛛程序以某种策略自动地在互联网中搜集和存储信息，建立自己的索引数据库供用户查询。当用户输入要查询的关键词后，检索与用户查询条件相匹配的记录，按一定的排列顺序将结果返回给用户。

全文搜索引擎的优点是信息量大、更新及时、无须人工干预；缺点是返回信息量过多，存在大量冗余信息，用户必须从结果中进行筛选。

国外具有代表性的全文搜索引擎有 Google、AltaVista、AlltheWeb 等，国内的全文搜索引擎有百度、中搜、天网等。

2. 目录搜索引擎

目录搜索引擎是以人工方式或半自动方式搜集信息，人工形成信息摘要，并将信息存储在事先确定好的分类框架中。目录搜索引擎提供目录浏览服务和直接检索服务，用户不用进行关键词查询，仅靠分类目录即可找到需要的信息，所以目录索引虽然有搜索功能，但在严格意义上并不算真正的搜索引擎，仅仅是按目录分类的网站链接列表。

目录搜索引擎因为有人的参与，所以查询信息准确率高；但是缺点也很明显，需要人工方式搜索信息，信息维护量很大，搜索到的信息少，信息更新不及时。

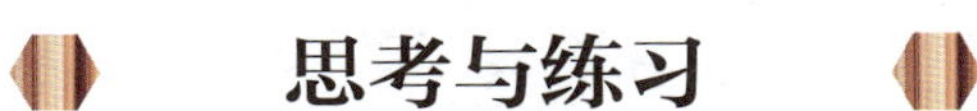

思考与练习

1. 把“新浪网”首页设置为 IE 浏览器的主页。
2. 利用 hao123 网址之家的链接打开“新华网”，并将其主页面保存到本机上。
3. 把“http://www.sina.com.cn”添加到收藏夹。
4. 设置 IE 浏览器保存历史记录的最长天数为 7 天，并删除计算机上以前所存储的临时文件。

任务 2 搜索引擎和下载工具的使用

学习目标

1. 掌握搜索引擎的使用技巧。
2. 掌握下载工具的安装和使用方法。
3. 能够熟练运用搜索引擎和下载工具查询并下载网络资源。

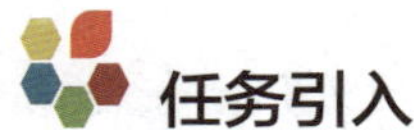

任务引入

在互联网日益遍及的今天，搜索引擎已成为学习和工作中不可或缺的网络工具。那么究竟该如何高效地运用搜索引擎呢？当搜索到心仪的网络资源后又该如何进行下载呢？

任务实施

一、高效运用百度搜索引擎

1. 并行搜索

在搜索引擎搜索框中输入多个查询词，并在查询词之间加入“|”，如输入“中国|工匠”，效果如图 1—2—1 所示。并行搜索方法见表 1—2—1。

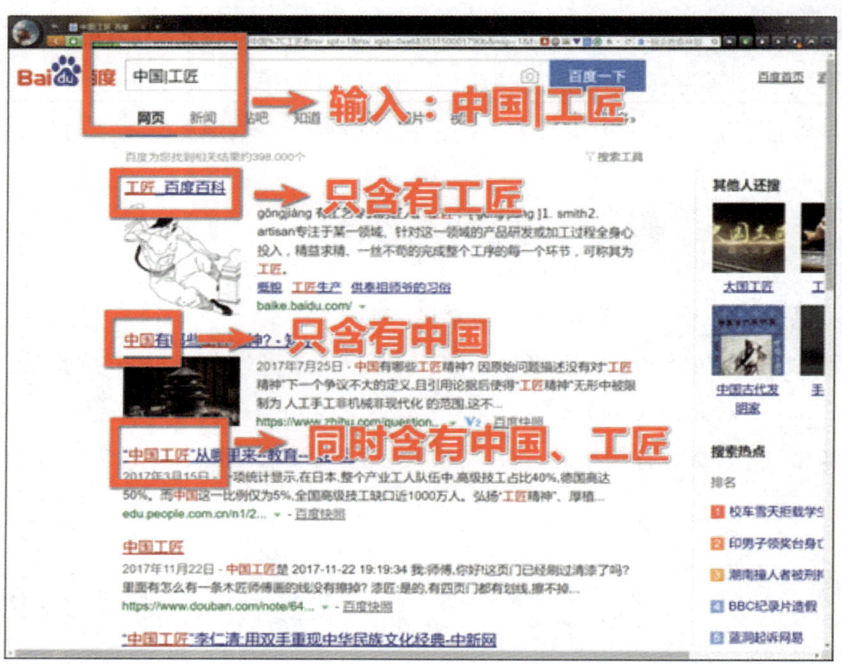

图 1—2—1

表 1—2—1　　并行搜索方法

方法	在查询词 A 和 B 中间加入“|”
用途	搜索结果会包含词语 A 和 B 中的任意一个，不必同时包含这两个词
示例	搜索“中国|工匠”，得到的网页将包含“中国”或者“工匠”

2. 指定网站搜索

在搜索引擎搜索框中输入查询词，并在查询词后加入“site：网站名”，如输入“技能大赛 site：www.czjsy.com”，效果如图 1—2—2 所示。指定网站搜索方法见表 1—2—2。

图 1—2—2

表 1—2—2　　指定网站搜索方法

方法	在查询词后输入“site：网站名”，冒号使用英文半角，后面不加空格，紧跟网站名
用途	搜索结果一定来自指定的网站
示例	搜索“技能大赛 site：www.czjsy.com”，得到的网页都将来自网址为“http：//www.czjsy.com”的网站

3. URL 中搜索

在搜索引擎搜索框中输入查询词，并在查询词前加上“inurl:”，如输入“inurl：QQ”，效果如图 1—2—3 所示。URL 中搜索方法见表 1—2—3。

表 1—2—3　　URL 中搜索方法

方法	在查询词前加上“inurl:”，冒号使用英文半角，后面不加空格；如有两个以上查询词，词前加上“allinurl:”，格式与前面相同
用途	搜索结果中，查询词将出现在网页的 URL 网址里
示例	搜索“inurl：QQ”，得到的网页的 URL 地址中一定含有“QQ”

● 图 1—2—3

4. 政府网页搜索

在搜索引擎搜索框中输入查询词，并在查询词前加上“inurl：gov”，如输入“inurl：gov 社会保障”，效果如图 1—2—4 所示。搜索政府网页方法见表 1—2—4。

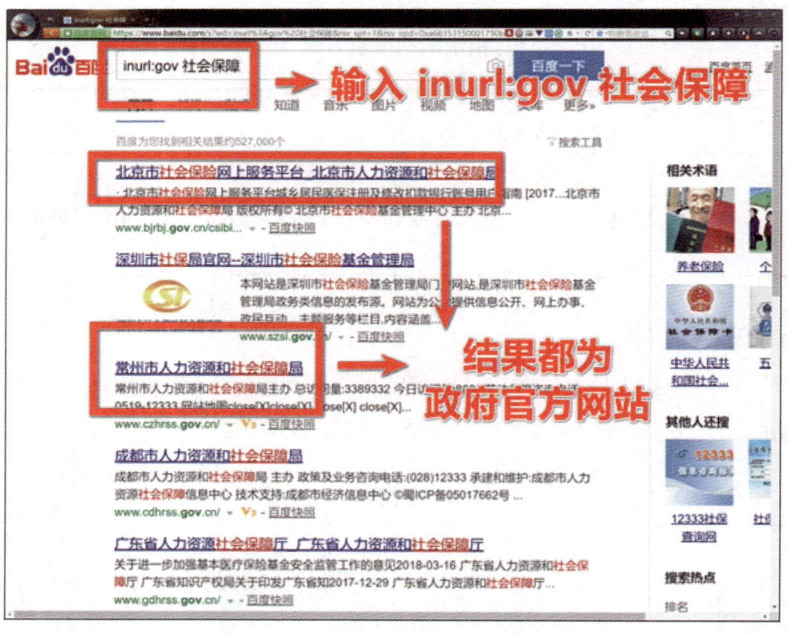

● 图 1—2—4

表 1—2—4　　政府网页搜索方法

方法	在查询词前加上“inurl：gov”，冒号使用英文半角，后面不加空格
用途	搜索结果的网页 URL 网址中都带有“gov”，都是政府网页，能提高搜索结果的权威性
示例	搜索“inurl：gov 社会保障”，得到的结果都是来自政府社会保障部门的网页

5. 不包含某个词搜索

在搜索引擎搜索框中输入查询词，并在查询词后加上减号“ –”和不想搜到的词，如输入“技能 – 大赛”，效果如图 1—2—5 所示。不包含某个词搜索方法见表 1—2—5。

图 1—2—5

表 1—2—5　　不包含某个词搜索方法

方法	在不想搜到的词前加上减号“ –”，减号前需要加空格，减号后不加空格
用途	搜索结果中都将不包含减号后的词，含有该词的网页将被过滤掉
示例	搜索“技能 – 大赛”，得到的将是只包含“技能”，不包含“大赛”的网页

6. 完整搜索

在搜索引擎搜索框中输入查询词，在查询词外加上双引号“”，如输入“技能大赛”，效果如图 1—2—6 所示。完整搜索方法见表 1—2—6。

图 1—2—6

表 1—2—6 完整搜索方法

方法	在查询词外加上双引号“”，双引号使用英文半角
用途	将查询词作为不可分割的整体进行搜索
示例	搜索“技能大赛”，得到的将是完整包含“技能大赛”词组而不是分别带有“技能”和“大赛”的网页

7. 搜索图片

在日常的学习和工作过程中，经常需要了解某张图片的来源和相关信息，或者查找到与之相似的图片，这时就可以利用百度搜索引擎的图片搜索功能。以搜索如图 1—2—7 所示图片的来源和相关信息为例，其操作步骤如下。

图 1—2—7

（1）打开百度搜索引擎

在浏览器地址栏中输入“www.baidu.com”，并按回车键打开百度搜索引擎。在百度搜索栏右侧可以看到一个相机按钮，如图 1—2—8 所示。单击该按钮进入上传图片页面。

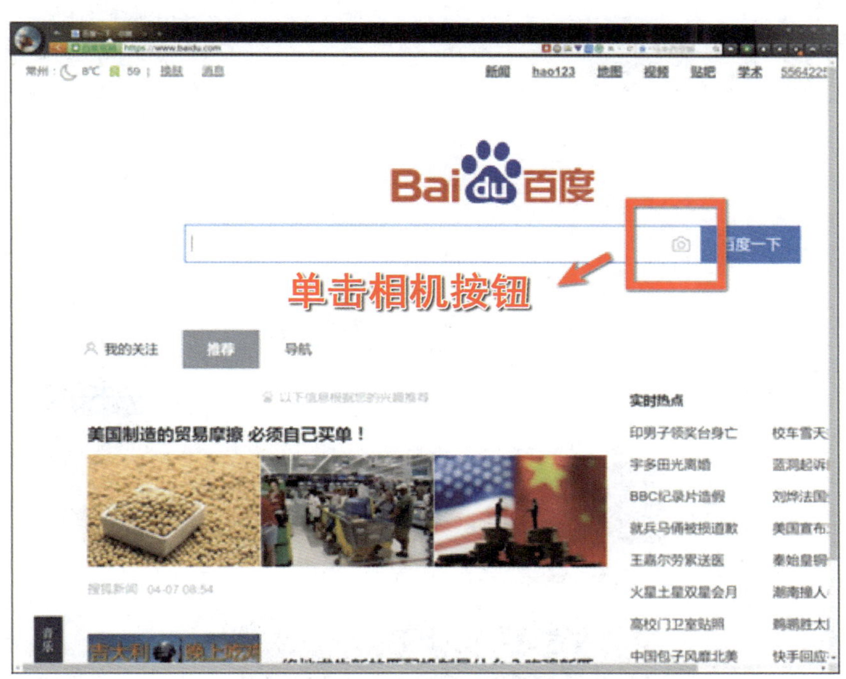

图 1—2—8

（2）上传图片

在上传图片页面中，单击“本地上传图片”按钮，然后选择想要搜索的图片，单击“打开”按钮，如图 1—2—9 所示；也可以将待搜索图片直接拖动到上传图片页面，如

图 1—2—10 所示。

● 图 1—2—9

● 图 1—2—10

（3）查看搜索结果

等待一会，搜索页面将显示出所有和这幅图片有关的信息和相似图片，如图 1—2—11 所示。

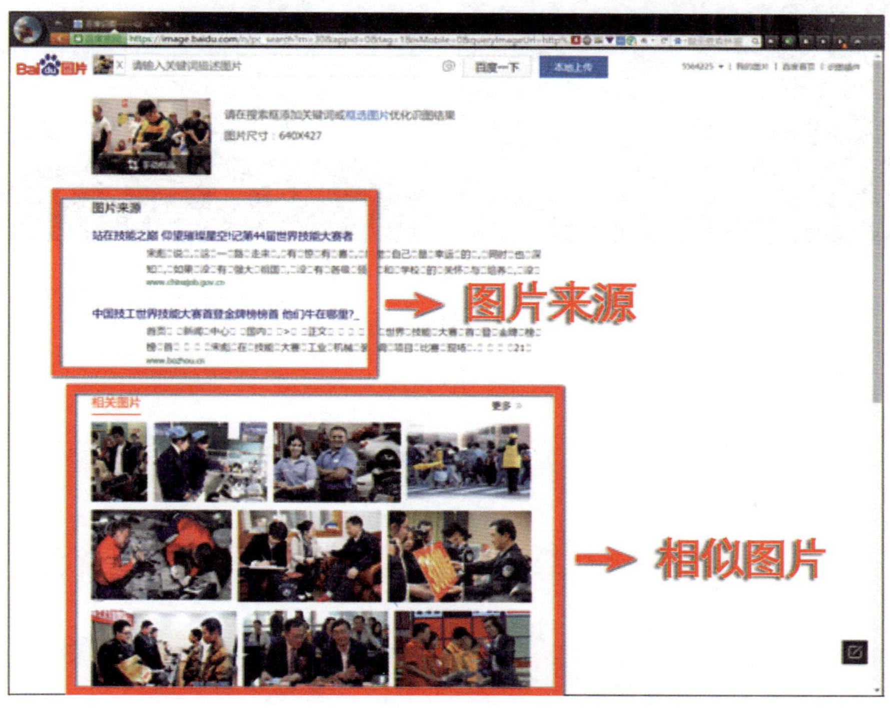

图 1—2—11

二、安装并使用迅雷

迅雷是迅雷公司开发的深受广大互联网用户青睐的下载工具。迅雷使用的多资源超线程技术基于网格原理，能够将网络上存在的服务器和计算机资源进行有效整合，构成独特的迅雷网络，通过迅雷网络各种数据文件能够以最快的速度进行传递。

1. 安装迅雷

通过浏览器进入迅雷官网（https://www.xunlei.com/），然后单击“下载迅雷产品”按钮，如图 1—2—12 所示，选择对应的操作系统类型后，单击“立即下载”按钮，如图 1—2—13 所示。

成功下载迅雷软件后，在本地储存磁盘中找到下载的迅雷安装包并双击，将弹出迅雷软件安装窗口，在安装窗口中设置好安装位置后，单击“开始安装”按钮，如图 1—2—14 所示，进入软件安装过程。

软件安装成功后，会在电脑桌面上生成快捷方式，如图 1—2—15 所示。

● 图 1—2—12

● 图 1—2—13

● 图 1—2—14

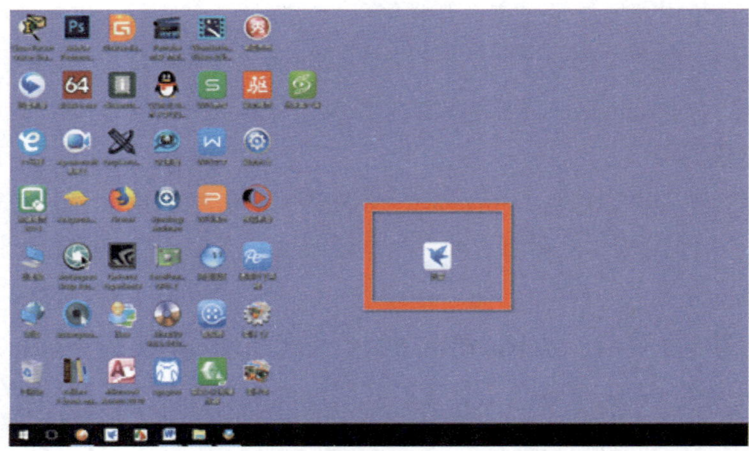

● 图 1—2—15

2. 创建常规下载

迅雷安装完成后，当单击磁力链接或种子下载链接时，迅雷软件将自动运行，弹出下载内容预览窗口，如图 1—2—16 所示，在其中设置好保存路径后，单击“立即下载”按钮，迅雷将开始下载资源。

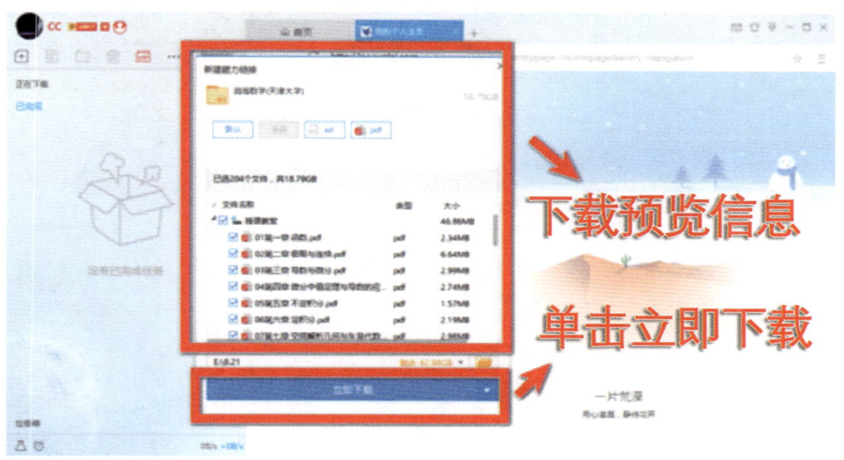

图 1—2—16

3. 离线下载

离线下载就是下载工具的服务器代替用户计算机先行下载，离线下载完成后，可以从下载工具的服务器上以较快的速度再下载到用户的计算机上，以节省时间，腾出带宽。离线下载的具体操作方法如下：

（1）打开迅雷，单击迅雷软件右侧的“离线空间”按钮，如图 1—2—17 所示。

图 1—2—17

（2）进入离线空间后，弹出“离线空间”对话框，如图 1—2—18 所示。

（3）在该对话框中单击“新建”按钮，弹出“新建任务”对话框，如图 1—2—19 所示。将所要下载资源的链接添加到对话框里的文本框中，单击“立即添加”按钮，即可将所要下载的资源添加到离线空间中。

（4）资源添加成功后，可在离线空间的下载记录中查看该资源的下载详情，如图 1—2—20 所示。

图 1—2—18

图 1—2—19

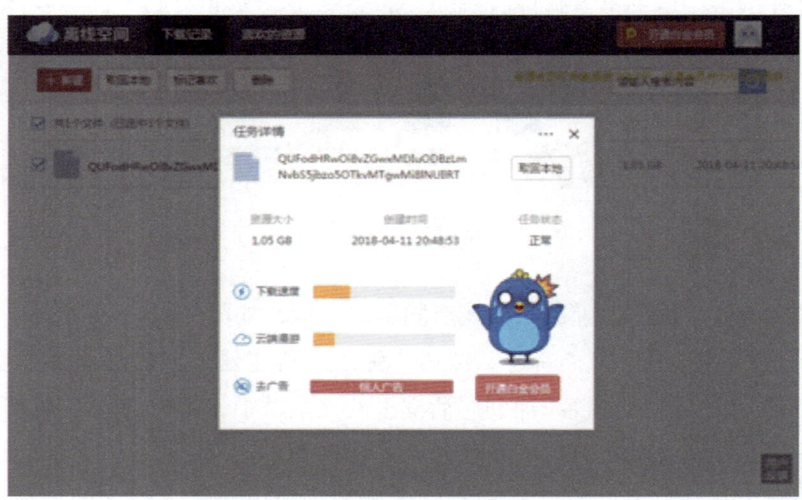

图 1—2—20

（5）迅雷服务器下载完成后，单击“取回本地”按钮即可将资源下载到本地计算机中。

知识拓展

一、网盘资源的搜索

网盘是由互联网公司推出的在线存储服务，可以为用户免费或收费提供文件的存储、访问、备份、共享等文件管理功能。不管用户是在家中、单位或其他任何地方，只要连接到因特网，就可以管理、编辑网盘里的文件。

网盘中存放了众多网络资源，通过以下方法可以比较方便地将它们搜索出来。

1. 查询词 + 网盘名搜索

以搜索百度云网盘中的资源为例，在搜索引擎搜索框中输入查询词，并在查询词后加上空格和“百度云”，如输入“高等数学同济版 百度云”，效果如图 1—2—21 所示。

图 1—2—21

2. 网盘资源专用搜索引擎搜索

在搜索引擎搜索框中输入“网盘搜索”，可以搜索到各种网盘资源专用搜索引擎，选择其中的一款就可以较为方便地搜索到网盘资源。以使用“网盘 007”搜索引擎为例，在其搜索栏目中输入“高等数学”即可查找到与之相关的网盘资源，如图 1—2—22 所示。

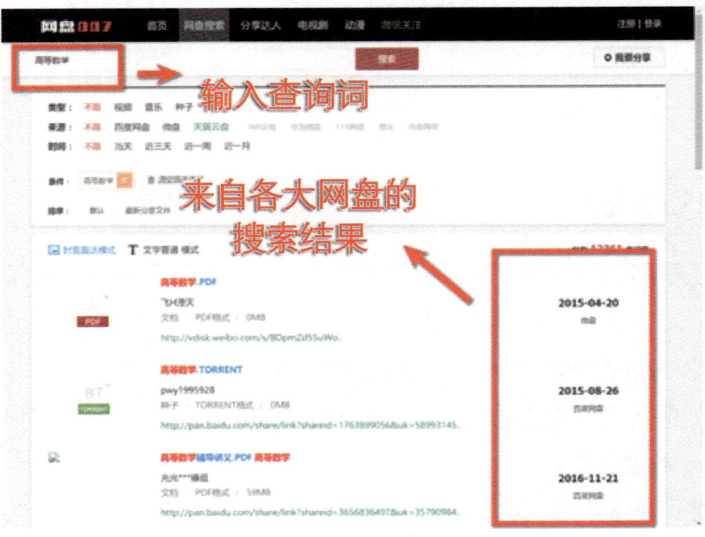

图 1—2—22

二、迅雷远程下载

迅雷远程下载是一种跨地域远程控制的下载方式，通过网页或者手机 APP 远程遥控异地下载器或者迅雷客户端来添加下载任务，真正做到随时随地进行下载。

1. 进入远程下载控制界面

通过迅雷软件或者直接打开迅雷远程下载网站（http://yuancheng.xunlei.com/），登录迅雷账号后，进入远程下载控制界面，如图 1—2—23 所示。

2. 绑定下载器

进入远程下载控制界面后迅雷会提醒用户绑定下载到的设备，根据自己情况选择需要绑定的设备，然后单击“绑定”按钮，如图 1—2—24 所示。

图 1—2—23

3. 创建远程下载任务

与使用迅雷本地下载一样，单击“新建”按钮，将想要下载资源的链接复制到“新建任务”对话框中就可以创建远程下载任务了，在任务区可以看到远程下载任务的下载进度，如图 1—2—25 所示。

图 1—2—24

图 1—2—25

思考与练习

1. 探索 360、百度、搜狗等搜索引擎的高级搜索运用技巧，并对各搜索引擎的优缺点进行比较。

2. 搜索《计算机基础与应用（第五版）》（书号：978-7-5167-3245-8）的电子教案，并使用迅雷下载工具进行下载。

任务 3　电子邮件的使用

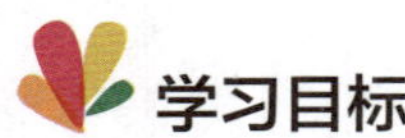

学习目标

1. 了解电子邮件在传输过程中所用到的网络协议。
2. 能够熟练使用电子邮箱收发电子邮件。
3. 掌握电子邮箱的常用设置。

任务引入

电子邮件常被称为网上飞鸿，它改变了人们一直以来通过邮局寄信的交流方式。本任务通过使用电子邮箱收发电子邮件来掌握电子邮件的优点、地址格式以及收发方法，并通过对电子邮件的介绍从网络层面上了解电子邮件的各种传输协议。

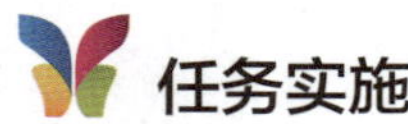

任务实施

一、注册电子邮箱

对于普通用户，目前互联网上所提供的免费邮箱已经足够个人使用，只需要打开免费邮箱网站的邮箱申请页面即可申请邮箱账号。本书以申请网易免费邮箱为例进行介绍，操作步骤如下：

1. 启动浏览器，在地址栏中输入“http://mail.163.com/”，然后按回车键，登录到 163 网易免费邮箱首页，如图 1—3—1 所示。

2. 单击“去注册”按钮，弹出“网易邮箱—注册新用户”页面，然后根据页面中的提示填写详细的注册信息，如图 1—3—2 所示。

https://email.163.com/
文件(F) 编辑(E) 查看(V) 收藏夹(A) 工具(T) 帮助(H)
中国第一大电子邮件服务商
163 网易免费邮 mail.163.com
126 网易免费邮
yeah.net
@163.com
登 录
邮件永存 成铁证
升级邮箱

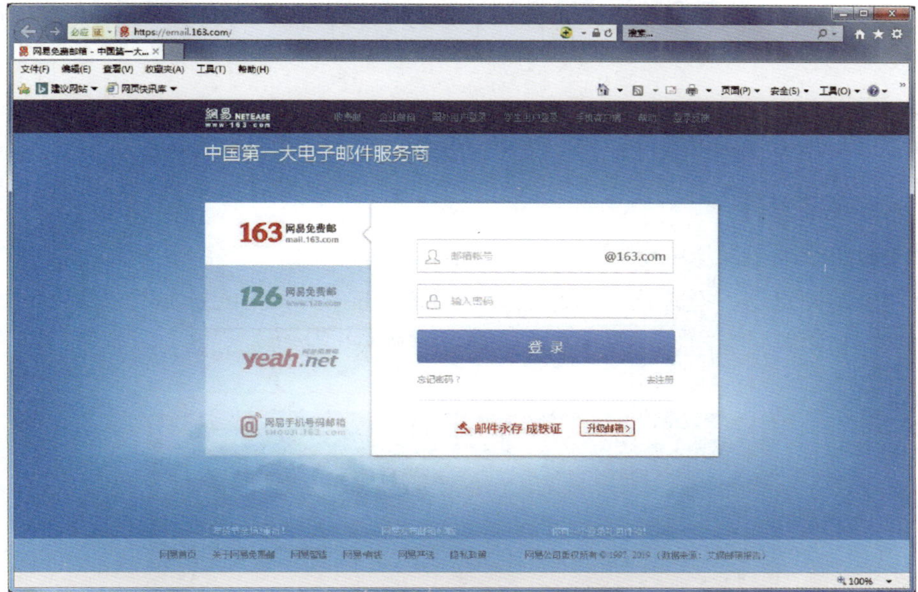

● 图 1—3—1

● 图 1—3—2

3. 注册信息填写完毕后，单击页面最下方的“立即注册”按钮，即可成功注册免费邮箱。

二、收发电子邮件

1. 发送电子邮件

用网易免费邮箱发送电子邮件的具体操作步骤如下：

（1）启动浏览器，登录网易邮箱的登录页面“http://mail.163.com/”，输入刚才注册的邮箱账号和密码，如图 1—3—3 所示，单击“登录”按钮。

图 1—3—3

（2）如图 1—3—4 所示，在登录成功的邮箱页面中单击“写信”按钮。

图 1—3—4

（3）在邮件编辑界面中的“收件人”文本框中输入收件人的电子邮箱地址，在“主题”文本框中输入邮件的主题，即邮件的名称。然后在该页面下方最大的文本框中编辑邮件的正文，还可以单击“添加附件”按钮选择要发送的其他文件，如图 1—3—5 所示。

（4）全部内容填写完成后，单击“发送”按钮。如果邮件正常发送，系统会自动弹出“邮件发送成功”反馈界面。

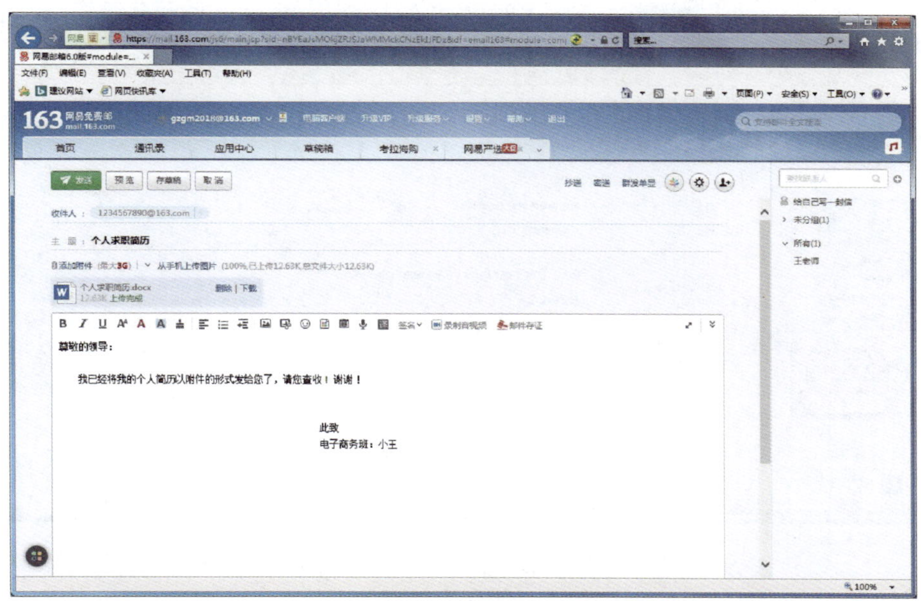

● 图 1—3—5

2. 接收电子邮件

（1）启动浏览器，登录到自己的电子邮箱中，页面会显示当前未读邮件的个数，如图 1—3—6 所示。

● 图 1—3—6

（2）单击页面左侧的“收件箱”文件夹，弹出“收件箱”页面，在收件箱列表中可以看到接收到的电子邮件，如图 1—3—7 所示。

（3）在所显示的邮件列表中单击发件人的超链接或者邮件主题超链接，弹出该封邮件的正文页面。用户可以在该页面中查看该邮件的发送日期、发件人、主题以及邮件内容等信息，如图 1—3—8 所示。

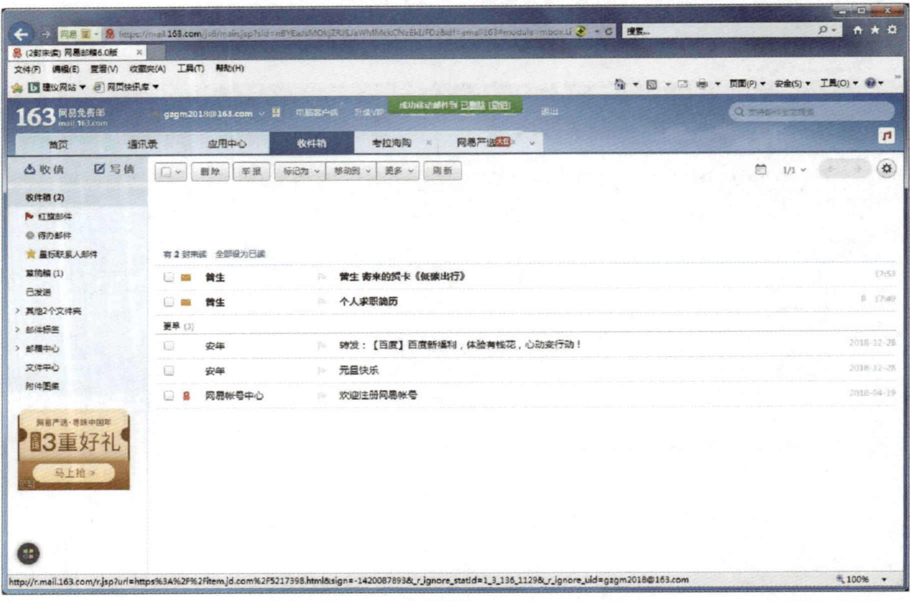

● 图 1—3—7

● 图 1—3—8

（4）如果用户所浏览的邮件有附件需要下载，则单击附件之后的下载链接，保存文件即可，如图 1—3—9 所示。

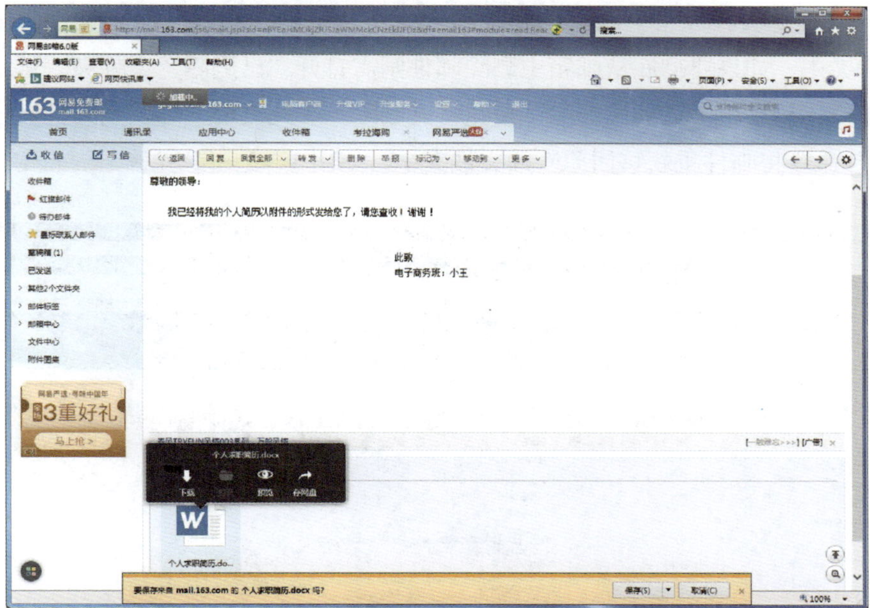

图 1—3—9

3. 删除电子邮件

（1）打开电子邮箱的收件箱，勾选要删除的电子邮件标题前面的复选框，然后单击“删除”按钮即可将电子邮件从邮件箱中删除，如图 1—3—10 所示。

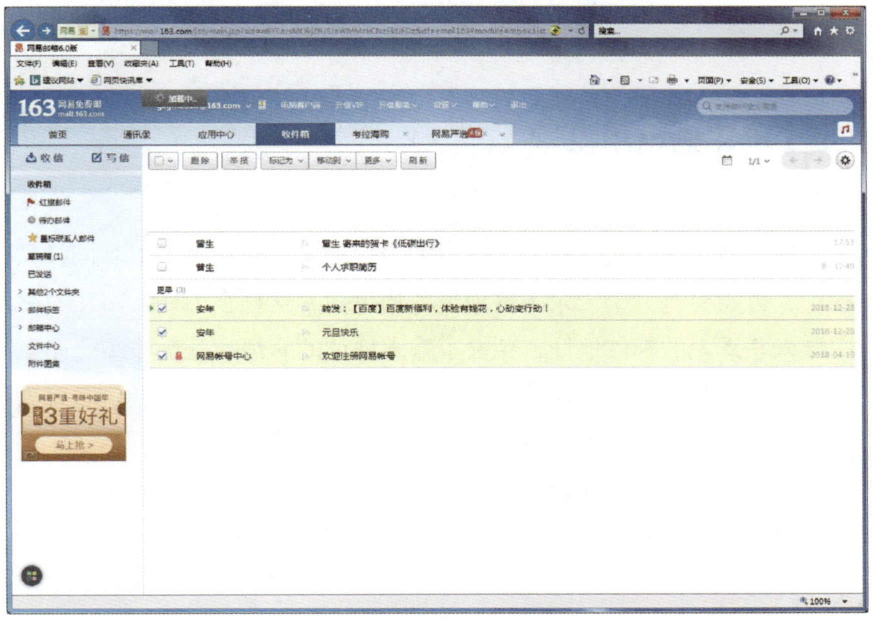

图 1—3—10

（2）上一步从收件箱中删除的邮件并未真正从邮箱中删除，而是被移到了“已删除”文件夹中，如果要彻底从邮箱中删除邮件则需打开“已删除”文件夹，选择要彻底删除的邮件，然后单击“彻底删除”按钮将其删除。在此之前，如误删邮件，还可选择“移动到”命令将邮件重新移回原来的文件夹中，如图 1—3—11 所示。

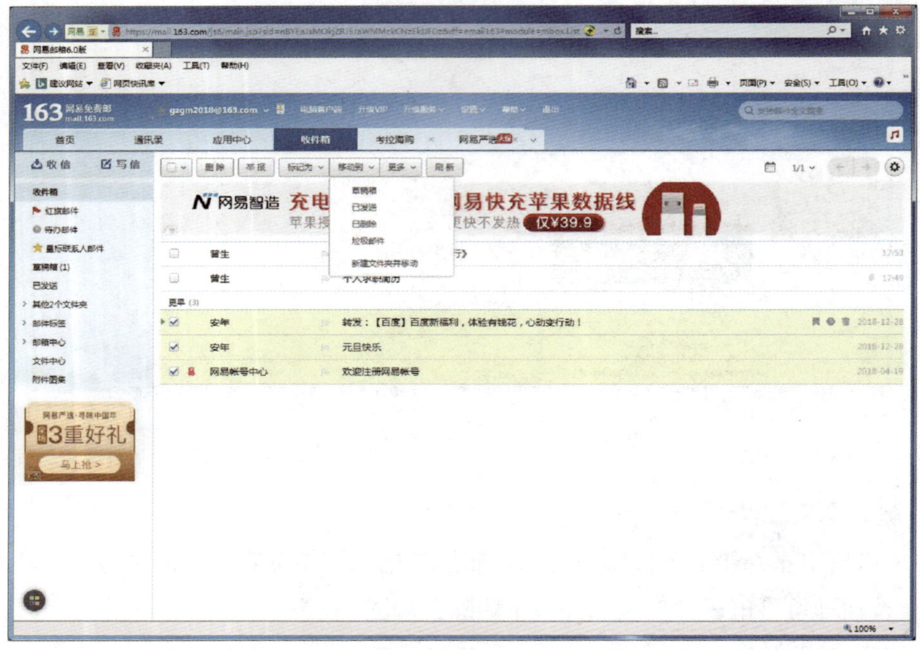

图 1—3—11

三、电子邮箱的常用设置

1. 建立通讯录

在电话出现之前人与人通信需要把对方的通信地址记录在本子上。同样，在电子邮箱交流过程中，也需要有一个记录邮件地址的通讯录，这样在给好友写信时就可以直接从通讯录中导入联系人的邮件地址，免去了输入地址的麻烦。其操作步骤如下：

（1）登录到电子邮箱页面，切换到“通讯录”选项卡，单击“新建联系人”按钮即可创建一条通信人信息，如图 1—3—12 所示。

（2）打开“新建联系人”页面，填入相关联系人的信息，如图 1—3—13 所示。如果该联系人所属的群组不是默认分组里的，则可以单击“新建分组”按钮，创建新的组别。

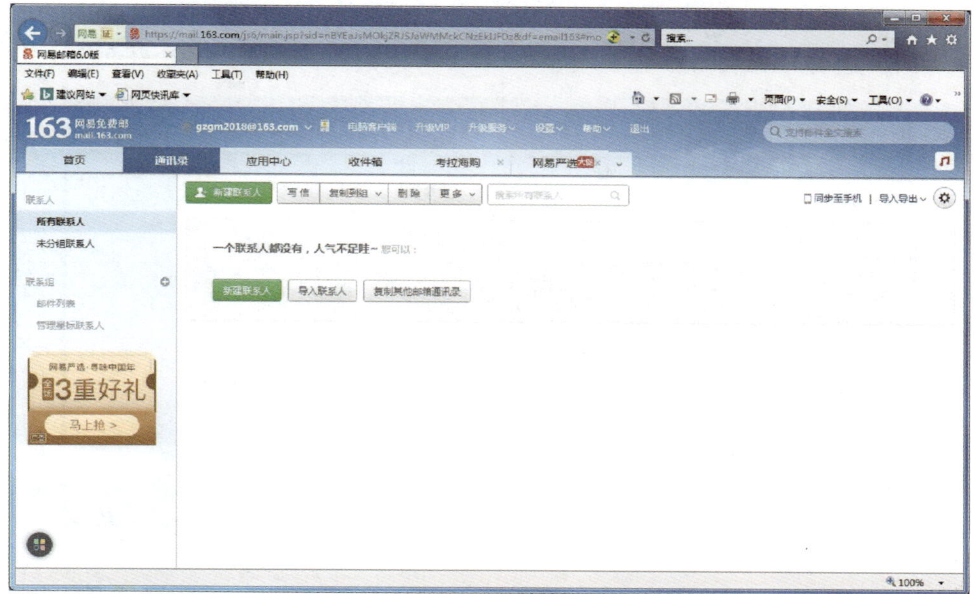

● 图 1—3—12

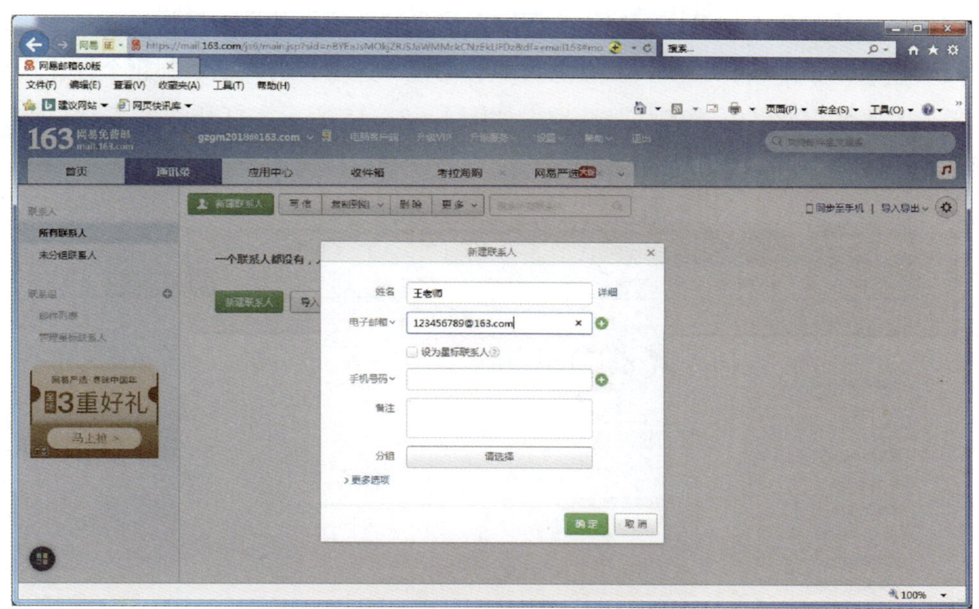

● 图 1—3—13

（3）填写完相应的信息后，单击页面最下方的“确定”按钮，则添加的联系人信息被保存。如果联系人的信息有变动，只需单击联系人相应行，在弹出的对话框中单击“编辑”按钮，即可重新修改其信息，如图 1—3—14 所示。

图 1—3—14

2. 设置电子邮件签名

电子邮件签名是在电子邮件末尾添加的文本组成。将其添加在邮件的末尾可以起到增加邮件个性化、树立知名度、提供备用联系信息等作用。其具体步骤如下：

（1）登录电子邮箱，单击页面右上角的“设置”选项，进入电子邮箱个性化设置页面。单击左侧“签名 / 电子名片”选项，如图 1—3—15 所示，打开“签名 / 电子名片”页面。

图 1—3—15

（2）在“签名 / 电子名片”页面中单击“新建文本签名”按钮，则可以在弹出的文本框中设计一个个性化的签名，如图 1—3—16 所示。

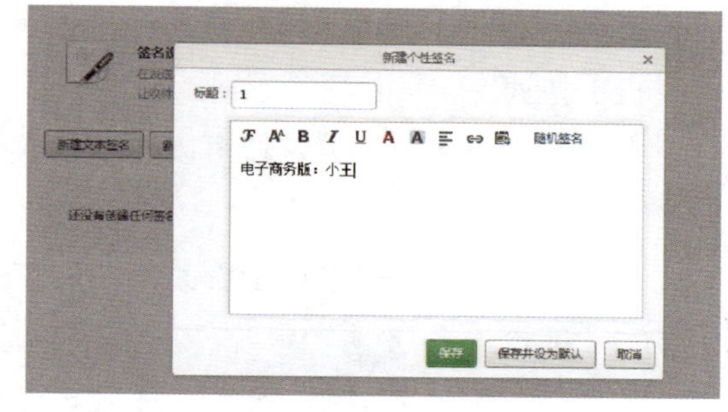

● 图 1—3—16

3. 设置自动回复

自动回复功能是指信箱在收到来信时，自动回复一封事先写好的 E-mail 给对方，告诉对方暂时无法回信，只能先回一封表示礼貌和友好的邮件来表示已经收到该信件。其具体设置步骤如下：

（1）登录电子邮箱，单击页面中的“设置”选项，进入电子邮箱个性化设置页面。在“常规设置”选项组中选择“自动回复 / 转发”选项。

（2）在打开的页面中选择是否启用自动回复功能。如果要使用，则可以在如图 1—3—17 所示的文本框中编辑要回复的话语，然后单击“保存”按钮即可。

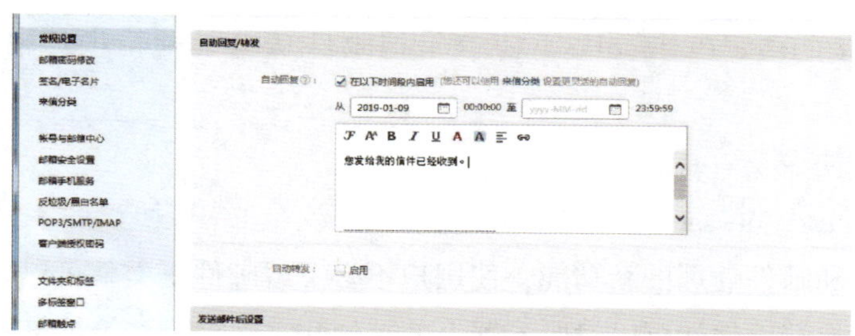

● 图 1—3—17

相关知识

一、电子邮件概述

电子邮件（E-mail）是一种通过网络实现异地之间快速、方便和可靠传送与接收信息的现代化通信手段，是使用率最高的 Internet 服务之一。

1. 电子邮箱的地址格式

电子邮箱的地址格式为：User name @ mail.server.name。

其中，User name 是指收件人自己所注册的邮箱的名字，mail.server.name 是指电子邮箱所在的服务器名称，“@”符号是电子邮箱特有的分隔符号。所有互联网上的邮箱地址格式都是如此，否则无法投递信件。

2. 电子邮件的优点

（1）快速

电子邮件只需要几秒钟便可以通过互联网传输信件到全世界的任何角落。

（2）可靠

每个电子邮箱在互联网上都是唯一的，保障了信件准确无误的投递。

（3）廉价

互联网上提供了很多免费的电子邮箱供普通用户使用。

（4）方便

电子邮件可以不受时间和地域的限制，给人们提供了更大的自由空间。

二、电子邮件常用传输协议

1. SMTP 协议

SMTP 协议主要负责底层的邮件系统如何将邮件从一台机器传至另外一台机器。

2. POP3 协议

POP3（Post Office Protocol 3）协议是把邮件从电子邮箱中传输到本地计算机的协议。

3. IMAP4 协议

IMAP4（Internet Message Access Protocol 4）协议是 POP3 协议的一种替代协议，它提供了邮件检索和邮件处理的新功能，使用户不必下载邮件正文就可以看到邮件的标题摘要，从邮件客户端软件就可以对服务器上的邮件和文件夹目录等进行操作。

知识拓展

一、邮件群发

一封邮件可以同时发送给多个邮箱，只要在填写邮箱地址时，将各地址以英文标点符号“;”分隔开即可进行邮件的群发。

二、邮箱网盘

邮箱网盘是邮箱为用户提供的文件储存服务，用户可以随时随地上传和下载文档、照片、音乐、软件等，十分快捷方便，如图 1—3—18 所示。

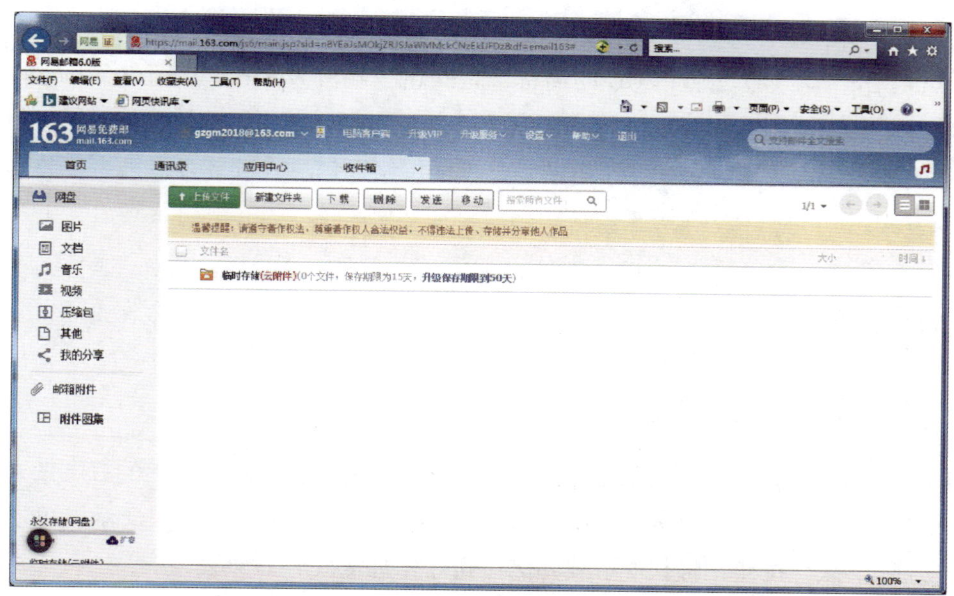

图 1—3—18

思考与练习

1. 注册一个免费邮箱，然后与同学相互发送电子邮件，标题为“很高兴认识您”，并在邮件正文中添加一张自己的照片。

2. 将任课教师的电子邮箱等信息添加到自己新邮箱的通讯录中。

3. 设置自己的个性化签名，并发送一封邮件给老师。

任务 4　即时通信工具 QQ 的使用

学习目标

1. 了解即时通信的概念、原理和传输协议。
2. 能够下载并安装 QQ 软件。
3. 掌握 QQ 的使用方法。

任务引入

即时通信（IM）是在 Internet 中广泛应用的服务，通信双方可以实时交互信息，并可以实现在线语音、视频等的连接通信。目前应用最广泛的即时通信工具有 QQ、微信、WhatsApp 等。QQ 是腾讯 QQ 的简称，是腾讯公司开发的一款基于 Internet 的即时通信软件，可以使用它与好友进行聊天以及语音与视频回话等。本任务以 QQ 即时通信软件为例来介绍这种通信方式，了解建立连接的网络通信方式以及客户机—服务器的网络访问方式。

任务实施

一、下载并安装 QQ

1. 打开 IE 浏览器，在地址栏里输入“www.baidu.com”，然后在弹出的百度搜索页面中输入关键词“QQ”，在搜索结果中选择 QQ 下载链接，如图 1—4—1 所示，单击页面中的“立即下载”按钮，将软件下载并保存到计算机硬盘上。

图 1—4—1

2. 成功下载 QQ 软件后，双击下载后的安装文件进入 QQ 安装界面，单击“立即安装”按钮，如图 1—4—2 所示；接下来 QQ 软件自动进行安装，安装完成后单击“完成安装”按钮，如图 1—4—3 所示。

图 1—4—2　　图 1—4—3

二、使用 QQ 进行聊天

1. 注册 QQ 账号

QQ 软件安装完毕后，需要注册一个 QQ 账号，登录该账号后才可以进行 QQ 聊天。

（1）双击桌面“QQ”快捷方式，打开 QQ 登录界面，如图 1—4—4 所示。

图 1—4—4

（2）QQ 账号需要使用手机号进行注册，单击图 1—4—4 左下方的“注册账号”进入到账号注册界面，也可以直接在浏览器地址栏中输入注册页面地址“https://ssl.zc.qq.com”进行注册，在注册页面填写昵称、密码、手机号等信息，通过手机注册需要获取手机验证码完成注册过程，如图 1—4—5 所示。

图 1—4—5

2. 登录 QQ 开始使用

（1）启动 QQ，在 QQ 登录界面中输入已经注册好的账号密码，然后在复选框中选择登录选项：自动登录、记住密码。此外，电脑客户端 QQ 还可通过使用手机 QQ 扫码登录，单击登录界面右下方的二维码图标即出现使用 QQ 手机版扫描二维码登录界面，如图 1—4—6 所示。

图 1—4—6

图 1—4—7

（2）单击“登录”按钮或者使用手机 QQ 扫码登录到 QQ 通信软件。此时，由于还没有添加通信联系人，QQ 好友列表中没有对应的聊天对象。用户可以通过单击“加好友”按钮添加联系人，图 1—4—7 所示。

（3）在“查找”对话框中，输入想要添加联系人的 QQ 号码、昵称、手机号、邮箱号码等任何一项信息都可以进行查找，如图 1—4—8 所示。单击“查找”按钮，查找出联系人信息后，单击“+ 好友”，然后输入“验证信息”，如图 1—4—9 所示，单击“下一步”，在出现的文本窗口中，修改要添加联系人的备注姓名及分组（没有分组信息可以单击“新建分组”），如图 1—4—10 所示，单击“下一步”，最后完成添加联系人。

● 图 1—4—8

● 图 1—4—9

● 图 1—4—10

（4）此时系统会向添加的好友发送一个“好友验证”消息，如图 1—4—11 所示。

（5）消息发出之后，被添加的好友将收到此验证消息，只要对方通过了这个验证，双方就成为 QQ 好友，并可以在网上进行聊天了。同时，添加好友成功之后，QQ 软件的列表框中会显示出该好友的信息以及状态。

（6）需要与 QQ 好友进行聊天时，只要双击该好友的名称就可以打开聊天窗口，如图 1—4—12 所示。

（7）在聊天窗口中可以给好友发送文字、表情、图片、音乐、视频等文档，同时 QQ 软件还能实现除聊天外的其他功能。

图 1—4—11

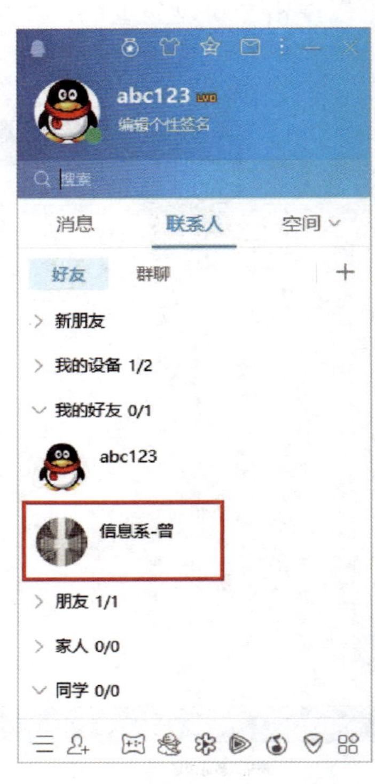

图 1—4—12

1）单击“发起语音通话”按钮，可以与好友进行在线语音聊天，如图 1—4—13 所示。

2）单击“发起视频通话”按钮，可以与好友进行在线视频聊天，如图 1—4—14 所示。

3）单击“发起群聊”按钮，可以从好友列表里选择多名（两名以上）好友进行群聊，如图 1—4—15 所示。

4）选择“分享屏幕”“演示白板”选项，可以将自己的电脑屏幕共享给好友或者给好友进行白板演示，如图 1—4—16 所示。

● 图 1—4—13

● 图 1—4—14

● 图 1—4—15

● 图 1—4—16

5）选择“请求控制对方电脑”“邀请对方远程协助”选项，可以远程控制好友电脑，进行远程操作，同时也可以让对方控制自己的电脑进行远程操作，如图 1—4—17 所示。

● 图 1—4—17

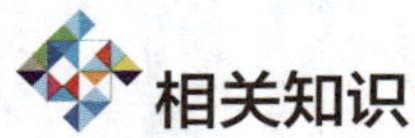

相关知识

一、即时通信的概念

即时通信（Instant Messenger，IM）是基于计算机网络的一种新兴应用，它最基本的特征就是信息的即时传递和用户的交互性，并可将音、视频通信，文件传输及网络聊天等功能集成为一体。即时通信具有快捷、廉价、隐秘性高的特点，在网络中可以跨年龄、身份、行业、地域的限制，达到人与人、人与信息之间的零距离交流。

二、即时通信的原理

无论即时通信的功能如何复杂，它们大都基于相同的技术原理，主要包括客户 / 服务器（C/S）通信模式和对等通信（P2P）模式。当前使用的 IM 系统在登录进行身份认证阶段是工作在 C/S 方式，随后如果客户端之间可以直接通信则使用 P2P 方式工作，否则以 C/S 方式通过 IM 服务器通信。

举例来说，如图 1—4—18 所示，用户 A 希望和用户 B 通信，必须先与 IM 服务器建立连接，从 IM 服务器获取用户 B 的 IP 地址和端口号，然后用户 A 向用户 B 发送通信信息，用户 B 收到用户 A 发送的信息后，可以按照用户 A 的 IP 地址和端口号直接与其建立 TCP 连接，与用户 A 进行通信。此后的通信中，用户 A 与用户 B 之间的通信则不再依赖 IM 服务器，而采用对等通信 P2P 模式。

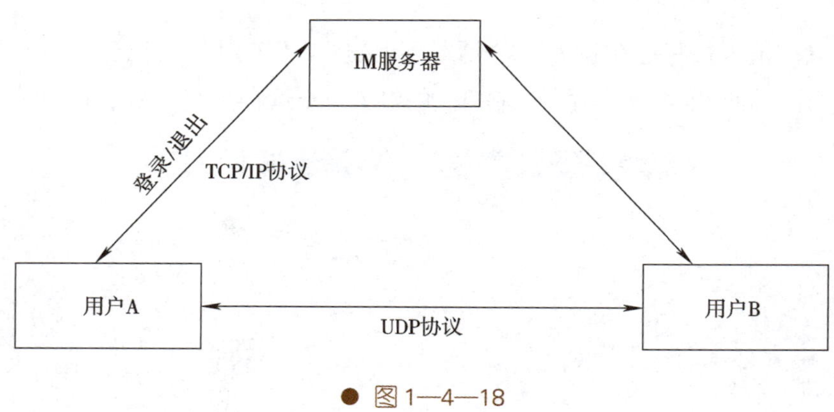

图 1—4—18

三、即时通信的传输协议

现阶段的即时通信系统大多数是非标准系统，其通信协议与接口由厂商定义。为解决此问题，由互联网工程任务组（IETF）研究和开发了多个 IM 技术标准，其中使用比较广泛的有以下几种：

1. 即时通信通用结构协议（CPIM）

CPIM 协议定义了通用协议和消息的格式，即时通信和显示服务器都是通过 CPIM 协议来达到 IM 系统中的协作的。

2. 可扩展通信和表示协议（XMPP）

XMPP 协议是基于可扩展标记语言（XML）的协议，它用于即时消息以及在线现场探测，能促进服务器之间的准即时操作。这个协议最终允许互联网用户向互联网上的其他任何人发送即时消息，即使其操作系统和浏览器不同。

3. 即时通信对话初始协议和表示扩展协议（SIMPLE）

该协议基于 SIP 协议（Session Initiation Protocol），是一种网际电话协议，可用于支持 IM 消息表示，能够传输多种方式的信号，如 INVITE 信号和 BYE 信号分别用于启动和结束会话。

四、其他常见即时通信软件

1. 微信

微信（WeChat）是腾讯公司于 2011 年 1 月推出的为智能终端提供即时通信服务的免费应用程序。微信支持跨通信运营商、跨操作系统平台通过网络快速发送免费（需消耗少量网络流量）语音短信、视频、图片和文字。同时，微信提供公众平台、朋友圈、消息推送、微信支付等功能。

2. YY 语音

YY 语音是欢聚时代旗下的一款基于 Internet 团队语音通信平台，功能强大、音质清晰、安全稳定、不占资源、反响良好的备受游戏玩家喜爱的免费语音通信软件。YY 语音软件还推出了手机版，手机 YY 具备团队语音、好友聊天、定位距离、K 歌娱乐、好友广播、频道语音等功能。

知识拓展

用移动设备登录即时通信软件

多数即时通信软件支持手机、平板等移动互联设备的接入模式，本任务所介绍的 QQ 软件也有手机版客户端程序，现介绍其登录及简单的使用方法。

1. 用手机登录 QQ 软件下载官方网站（https://im.qq.com/），进入软件下载界面，选择“QQ”手机版进行下载，如图 1—4—19 所示。

2. 打开下载成功的软件，直接在手机上选择“运行”即可在手机上自动安装。

3. 安装成功后，使用注册好的 QQ 账号密码进行登录。登录后程序自动获取用户储存在 QQ 服务器上的好友名单及账号信息。

图 1—4—19

4. 在联系人中选择一个好友，双击好友即可进入聊天界面，可以选择“QQ 电话”或者“发信息”，如图 1—4—20 所示。选择“发信息”，进入文字聊天窗口，可在最下方的文本框中输入聊天内容。另外，手机 QQ 还提供了视频电话、图片发送、发红包、转账、发送位置等实用功能，如图 1—4—21 所示。

图 1—4—20

● 图 1—4—21

思考与练习

1. 下载并注册一个 QQ 账号，然后登录。
2. 与同学进行 QQ 视频交流。
3. 邀请班上 5 名同学一起进行群聊。
4. 为自己的 QQ 设置头像。

任务 5　体验网上购物

学习目标

1. 能够注册淘宝账户。
2. 能够在购物平台上浏览、查找自己需要的商品。
3. 掌控网上支付与结算的方法。

任务引入

在 Internet 中各式各样的网店非常多，有 B2B、B2C、C2C 等模式，其中，用户数量最多的是 C2C 类型的网店。淘宝店就是一个典型的网络 C2C 商品销售平台，该平台

为买家和卖家搭建了一个销售的大环境，并为网络支付提供担保，是目前国内知名的网络购物平台。本任务以在淘宝网上购物为例，学习网络购物的一般流程，旨在掌控网上购物的方法，以上及网上购物各个环节的注意事项。

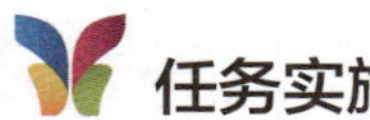

任务实施

一、注册淘宝账户

1. 在淘宝网上购物需要注册成为网站的会员，首先在浏览器地址栏中输入网址“http://www.taobao.com/”，登录到淘宝网首页，然后在首页左上角单击“免费注册”进入注册首页，如图 1—5—1 所示。

图 1—5—1

2. 进入注册首页，淘宝网提供了两种“账户注册”的方式：手机号验证码（默认方式）或企业账户注册，如图 1—5—2 所示。将手机号码和淘宝账号进行绑定，可以增加账号的安全性，本任务以手机号码注册为例，使用手机号码注册需要通过获取手机验证码来完成注册，如图 1—5—3 所示。

3. 在“填写账号信息”页面中依次填入有关信息，填写完成后单击“提交”按钮，如图 1—5—4 所示。

4. 提交信息后，进入“设置支付方式”页面。填写完成有关信息后单击“同意协议并确定”按钮或单击“跳过，到下一步”，完成注册，如图 1—5—5 所示。

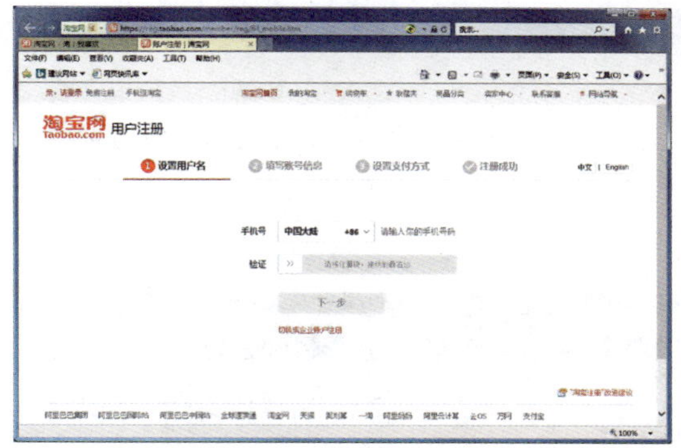

● 图 1—5—2

● 图 1—5—3

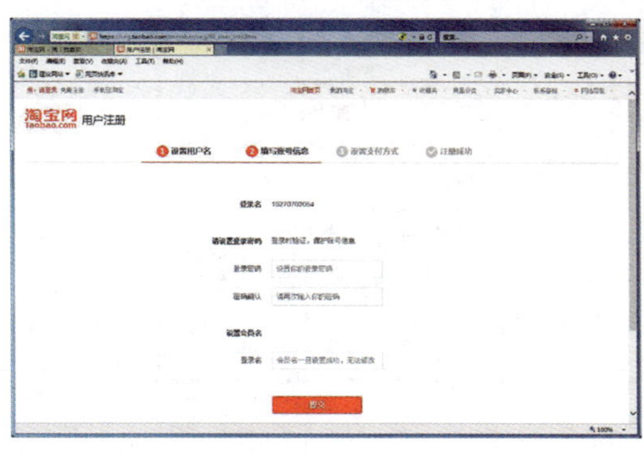

● 图 1—5—4

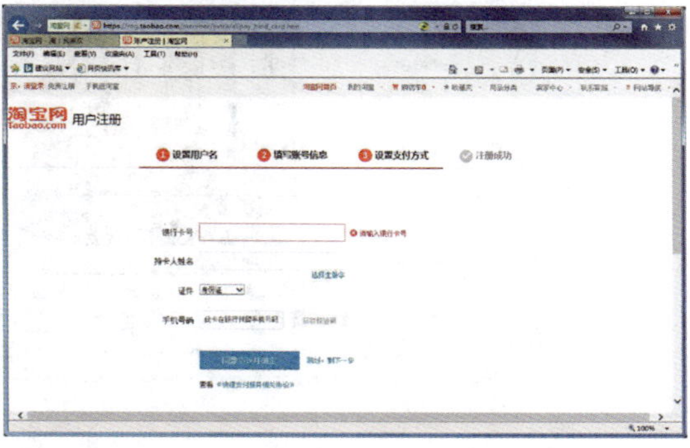

● 图 1—5—5

二、浏览、查找商品

1. 打开淘宝网首页，用刚才注册的用户名和密码登录，主页上显示所有商品的分类目录，如图 1—5—6 所示。

2. 单击感兴趣的目录链接（如“女装 / 男装 / 内衣”类）即可进入对应的商品展示页面，其中又分为若干小类，用户可以选择浏览某一类商品，也可以把对商品的要求填写在“快速搜索”中搜索，或在目录列表下方进行商品筛选，如图 1—5—7 所示。

3. 填写相应的关键字，然后单击“搜索”按钮就会显示与用户输入的关键字相关的商品列表，如图 1—5—8 所示。

4. 在商品列表中显示了这些商品的缩略图以及价格等简要信息，如果想要仔细查看某一商品，只要单击对应商品的图片或者名称即可进入该商品的详细介绍页面，如图 1—5—9 所示。

提示：

对于暂时还不打算购买的商品，可以单击展示图片下方的“加入购物车”按钮，将其添加到淘宝“我的购物车”中。

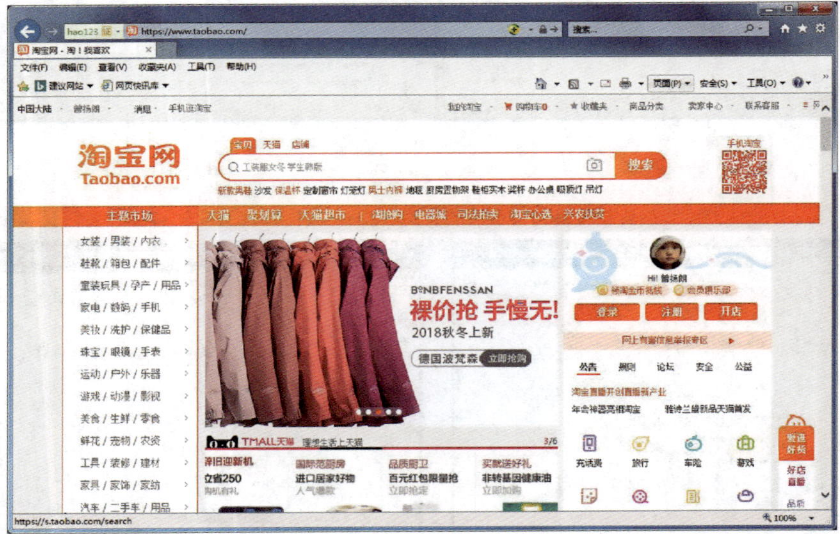

图 1—5—6

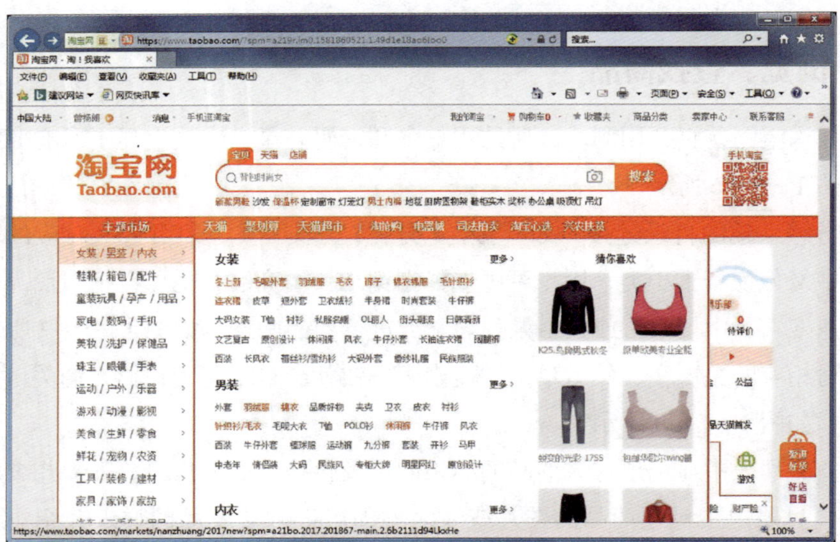

图 1—5—7

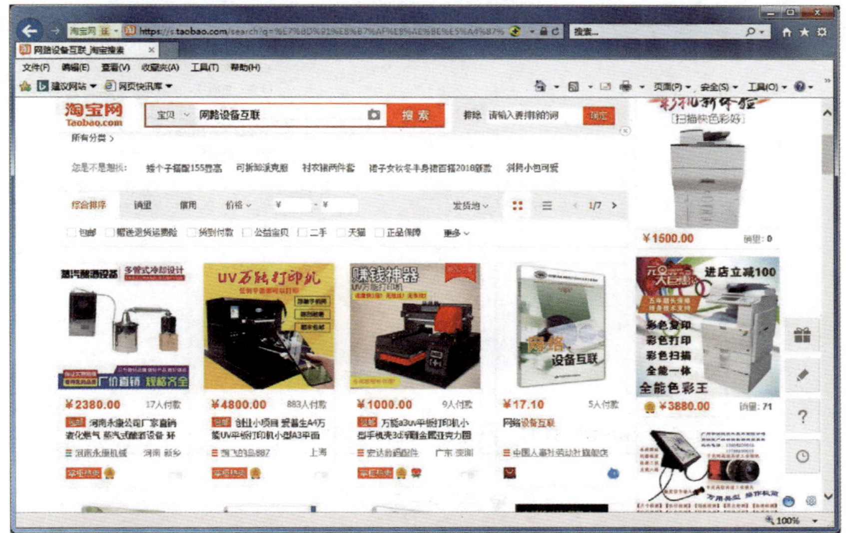

图 1—5—8

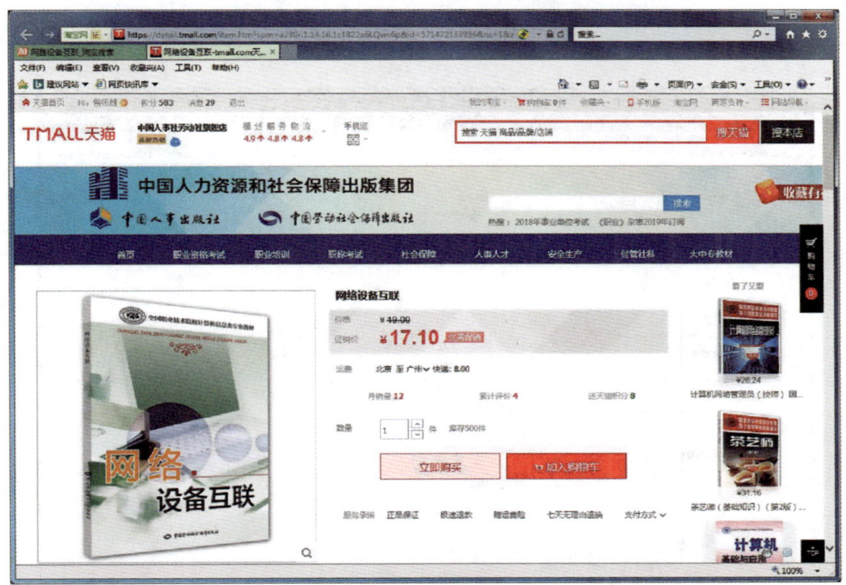

图 1—5—9

三、议价并订购商品

1. 已经注册好“阿里旺旺”即时通信软件的用户，则可以在商品页面中找到店主所公布的阿里旺旺号码链接 和我联系，直接单击进入阿里旺旺交流窗口（见图 1—5—10）与店主进行议价。

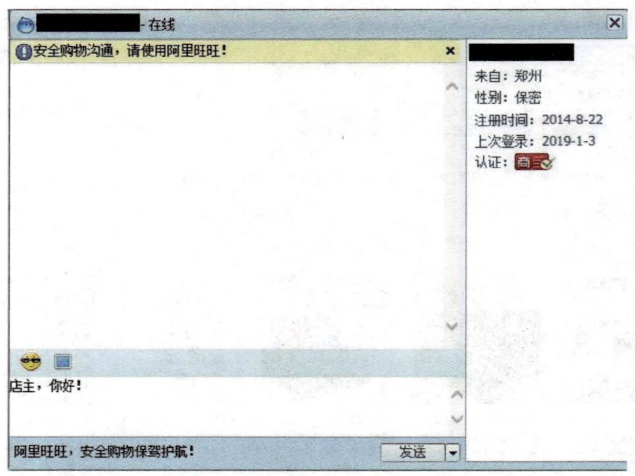

图 1—5—10

2. 与店主议好价后，可在商品详细信息页面中选择“立即购买”或者“放入购物车”。

（1）如果购买的只是单个商品则可以单击“立刻购买”按钮，进入“确认订单信息”页面填写订单的详细信息，如图 1—5—11。

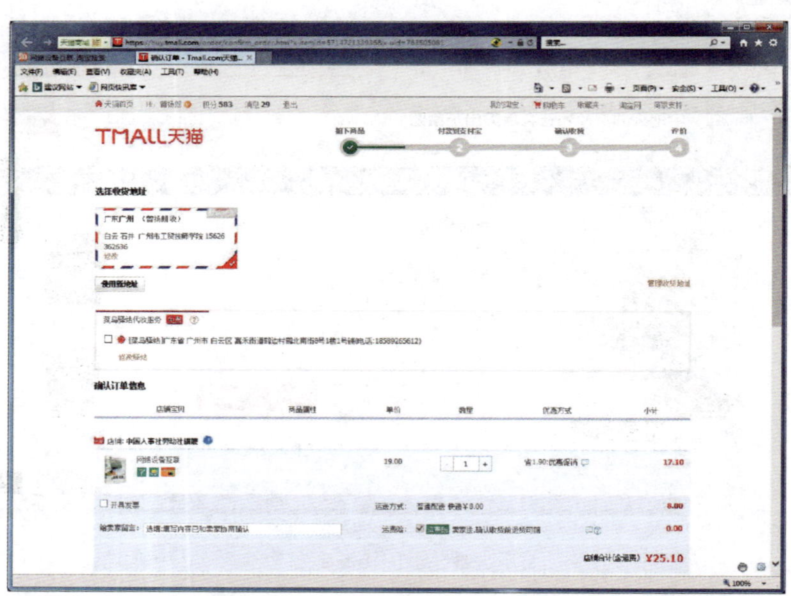

图 1—5—11

（2）如果要购买多个商品则可先把商品全部放入“购物车”，然后单击页面上方的“购物车”标签进入购物车进行查看，如图 1—5—12 所示。购物车里的商品可以一起付款结账。

● 图 1—5—12

提示：

进入“确认订单信息”页面后，如果是第一次购买商品还需要填写收货地址，以及收货方式等详细信息。

四、网上支付与结算

1. 订单确认完成后，既进入在线支付页面。淘宝网支持支付宝余额付款、储蓄卡付款、信用卡付款、网点付款、消费卡付款等多种支付方式。在付款前，系统会提示用户需要安装支付安全控件，按照提示安装即可。

2. 下面以储蓄卡付款为例介绍支付过程。在“储蓄卡付款”页面（见图 1—5—13）内，选择所持储蓄卡的发卡银行（如中国工商银行），输入支付宝支付密码，然后单击“确认付款”按钮。

提示：

使用储蓄卡付款之前，必须携带银行卡到银行柜台申请开通“网上支付”功能。

3. 付款完成后淘宝支付宝页面显示“您已付款成功”，如图 1—5—14 所示。至此，付款成功，网上购物环节基本完成，只需等待物流公司送达货品签收，如图 1—5—15 所示。

图 1—5—13

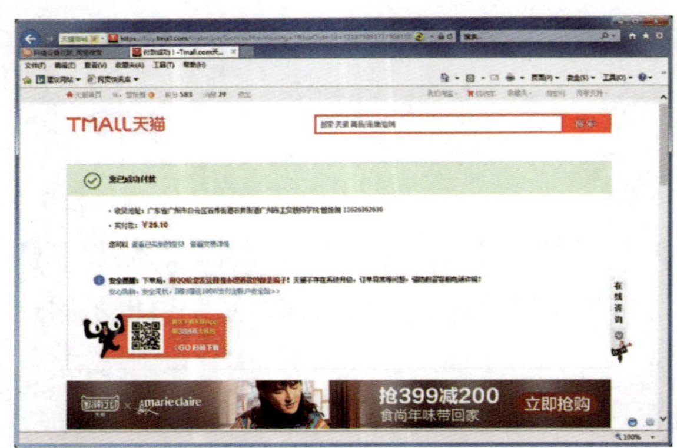

图 1—5—14

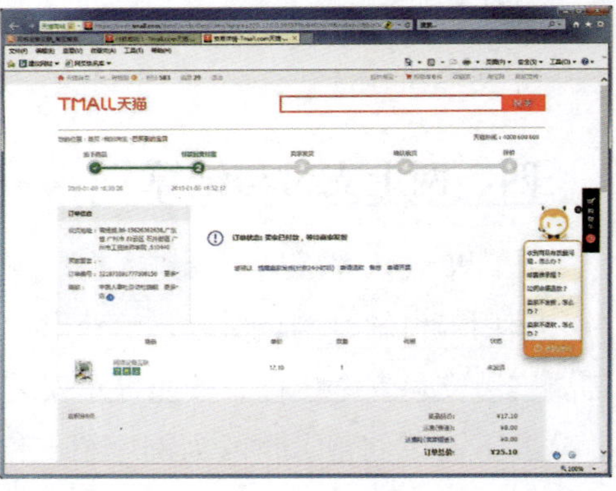

图 1—5—15

五、参与评价商品及店铺

为了让消费者更好地督促商家，也为了让商家能更好地掌握消费者信用信息，淘宝网添加了一套买卖双方互评系统。

1. 用户收到货品后单击“确认收货”按钮，支付宝随即将账款转给商家，整个交易完成，交易详细信息处显示“交易成功”，如图 1—5—16 所示。

2. 交易完成后，用户可以单击图 1—5—16 中的“评价”按钮对商品、卖家服务、物流服务等进行评价，如图 1—5—17 所示。

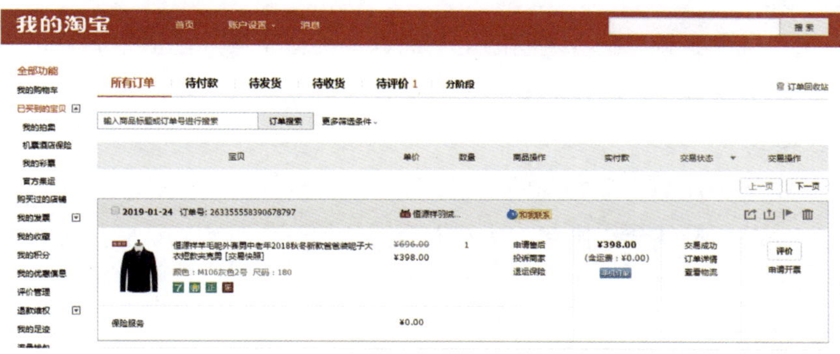

图 1—5—16

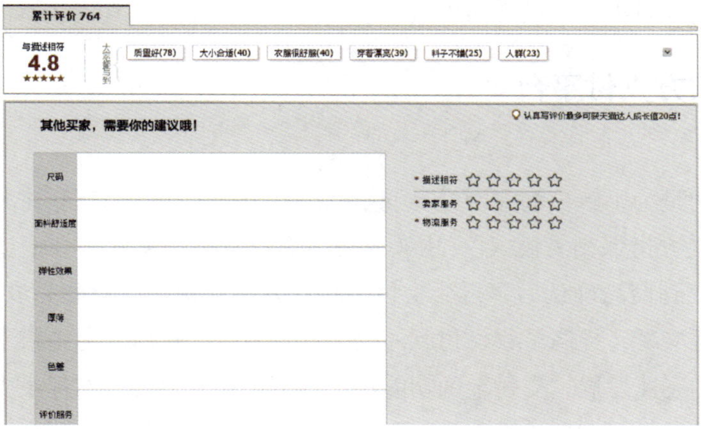

图 1—5—17

提示：

只有完成交易后的双方才可以进行互相评价。

3. 如果获得了中、差评，可以在一个月时间内进行申诉，单击“我要解释”按钮对此次交易出现的问题或者纠纷进行解释或申诉。

相关知识

一、电子商务模式

电子商务模式是指企业运用互联网开展经营取得营业收入的基本方式，常见的有 B2C（Business to Consumer）、B2B（Business to Business）、C2C（Consumer to Consumer）

等模式。

1. B2C 模式

B2C 模式是指企业与消费者之间的电子商务，类似于实际生活中的零售商务，是一种直接面对最终消费顾客的网上商务模式。其代表有亚马逊、京东等。

2. B2B 模式

B2B 模式是指企业与企业之间的电子商务，企业与企业可以使用 Internet 或其他网络针对每笔交易寻找最佳合作伙伴，从网上合同的签订一直到确认收货等都可以通过互联网进行的商务交易模式。其代表有阿里巴巴、慧聪网等。

3. C2C 模式

C2C 模式是指消费者与消费者之间的电子商务，这种模式为买卖双方提供一个在线交易平台，个人自行选择商品出售，可以是二手商品也可以是新商品，卖方主动提供商品上网拍卖，价格自拟，而买方可以自由选择商品进行竞价。其代表有淘宝网等。

二、第三方支付平台

1. 支付宝

支付宝最初是为了解决淘宝网交易安全问题所设的一个网络支付中转平台，该功能使用的是“第三方担保交易模式”，由买家将货款打到支付宝账户，由支付宝向卖家通知发货，买家收到商品确认后，再令支付宝将货款转给卖家，至此完成一笔网络交易。使用支付宝担保交易，提高了收、付款的安全性，为双方达成交易提供了信用保障。

随着技术的飞速发展，支付宝的功能早已不再局限于为淘宝网提供支付中转服务。

除淘宝网外，支付宝还为众多其他电子商务网站提供支付服务，如苏宁易购、当当网等，使用户可以方便地在互联网上进行购物、缴费等。

近几年，伴随智能手机和 4G 等高速移动通信网络的普及，一方面，在传统 PC 端服务的基础上，支付宝通过手机客户端为移动终端上的电子商务交易提供支付服务，另一方面支付宝的支付功能还由线上发展到了线下，成为了重要的移动支付工具。用户使用支付宝的手机客户端（图 1—5—18），通过扫描二维码（或对方通过专用设备扫描用户手机中二维码）即可实现付款、转账等功能，这一方式较传统的现金交易更为便捷，和银行卡方式相比又更易普及，目前已成为人们日常生活中必不可少的一种支付方式。

除了支付功能从为单一网站服务发展到公共平台、从线上发展到线下，支付宝在业务范围上也在不断扩展，为用户提供生活缴费、理财、保险、小额信贷等金融服务，以及扫码乘车等生活服务。

2. 微信支付

借助微信庞大的用户群，微信支付已发展成为一个重要的第三方支付平台。和支付宝诞生于 PC 端的电子商务交易不同，微信支付一开始就是作为一个手机端的支付工具出现的，其功能大部分也围绕微信手机客户端展开，多用于手机端的电子商务交易，在 PC 端的电子商务交易中使用微信支付付款时，通常是使用手机扫码的方式完成的。微信支付的多数功能与支付宝类似，但由于其依托微信这一广泛流行的社交平台，因此具有更强的社交属性，如在日常生活中应用十分普遍的“发红包”等功能。由于微信几乎已成为人们智能手机中的必装软件，使用微信支付不再需要额外安装新的软件，因此在便捷性上，微信支付也具有一定的优势。微信支付在微信手机客户端中的界面如图 1—5—19 所示。

图 1—5—18

图 1—5—19

3. 其他第三方支付平台

除支付宝和微信支付外，目前还有众多第三方支付平台在不同领域为用户提供服务。有些与支付宝类似，基于自身的电子商务业务发展起来，如京东的京东支付、苏宁易购的易付宝等；有些由金融机构或电信运营商等机构发起，如中国银联的云闪付、中国电信的翼支付、中国移动的和包支付、中国联通的沃支付等；更多的则是由专门从事支付业务的专业公司建立并运营，如拉卡拉、汇付天下、易宝等。

 思考与练习 

1. 注册一个淘宝账号，并使用它搜索喜欢的商品。

2. 下载并安装阿里旺旺软件，在店铺中与店主进行交流，并加入一个旺旺群组，参与讨论。

项目二
Internet 的接入

Internet 是一个包含丰富信息的全球网络，在 Internet 上可以获得浏览网页、收发电子邮件、实现文件传输等服务。通过这些服务可以访问海量信息库，提高工作效率并享受 Internet 带来的数字服务的便利和快乐。那么如何把单独的计算机接入 Internet 呢？

随着网络技术的发展，Internet 的接入速度越来越快，先后出现了电话拨号接入、ISDN 拨号接入、ADSL 接入、光纤接入、无线接入等多种 Internet 接入方式。各种接入方式各有优缺点。为了更好地理解计算机接入 Internet 的过程，本项目设置了 3 种环境下计算机的接入任务。通过实际动手连接硬件和设置软件的操作，来掌握接入 Internet 的各项技能点和知识点。

具体任务设置如下：

- ➢ 单台计算机通过光纤宽带接入 Internet。
- ➢ 局域网接入 Internet。
- ➢ 通过移动通信网络接入 Internet。

任务 1　单台计算机通过光纤宽带接入 Internet

学习目标

1. 了解常用 Internet 的接入方式。
2. 能够安装连接网线和光调制解调器。
3. 掌握光纤宽带上网的连接设置。
4. 了解 IP 地址和子网掩码的基本知识。

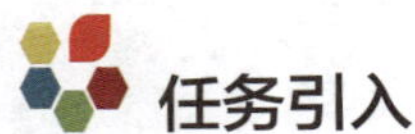

任务引入

与 ADSL 相比，光纤宽带拥有更高的上行和下行速度，可实现高速上网体验。对于家庭用户而言，通过将光纤与计算机相连，从而实现上网功能较为方便。本任务选择一台安装好 Windows 7 操作系统的计算机，并事先准备好光纤宽带线路以及光调制解调器、网线等硬件设备，实际动手完成硬件设备的安装和软件设置，最终实现光纤宽带上网。

任务实施

一、上网设备安装及连接

1. 准备好光调制解调器，连接好入户光纤，如图 2—1—1 所示。

图 2—1—1

2. 准备一根网线，用于连接计算机和光调制解调器，一端接入图 2—1—1 中调制解调器的网口，另一端接入计算机网卡。

二、光纤宽带上网连接设置

1. 按照“控制面板”→“网络和 Internet”→“网络和共享中心”→“更改适配器设置”的顺序打开“网络连接”对话框，用鼠标右键单击“本地连接”图标，在弹出的快捷菜单中选择“属性”命令，打开“网络”选项卡，双击其中的“Internet 协议版本 4（TCP/IPv4）”，打开如图 2—1—2 所示的对话框，选择其中的“自动获取 IP 地址”和“自动获取 DNS 服务器地址”单选按钮，然后单击“确定”按钮退出。

提示：

一般光纤宽带接入应当选择自动获得 IP 地址，如果是专线的光纤宽带接入应当向网络服务提供商咨询分配的静态 IP 地址，并在此配置。

2. 右击桌面上的“网络”图标，在弹出的快捷菜单中单击“属性”命令，打开“网络和共享中心”窗口，如图 2—1—3 所示，下拉右侧滚动条，单击“设置新的连接或网络”链接。

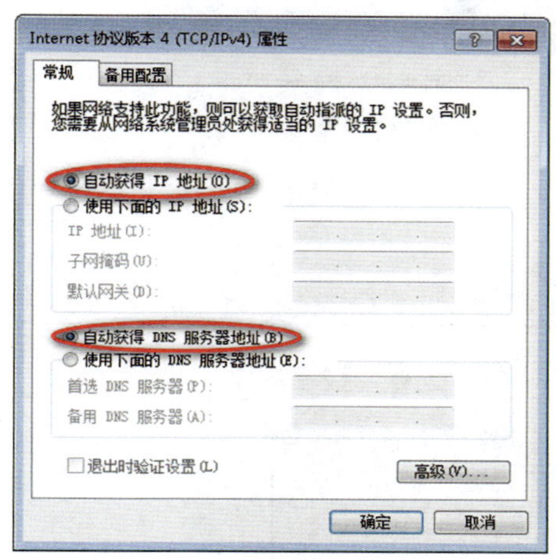

图 2—1—2

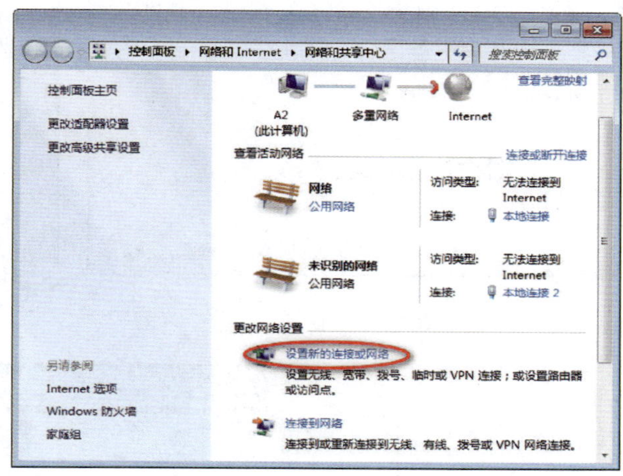

图 2—1—3

3. 在“设置连接或网络”对话框中，单击“连接到 Internet”链接，如图 2—1—4 所示。

4. 如图 2—1—5 所示，在“连接到 Internet”对话框中，单击“宽带（PPPoE）”选项。

图 2—1—4

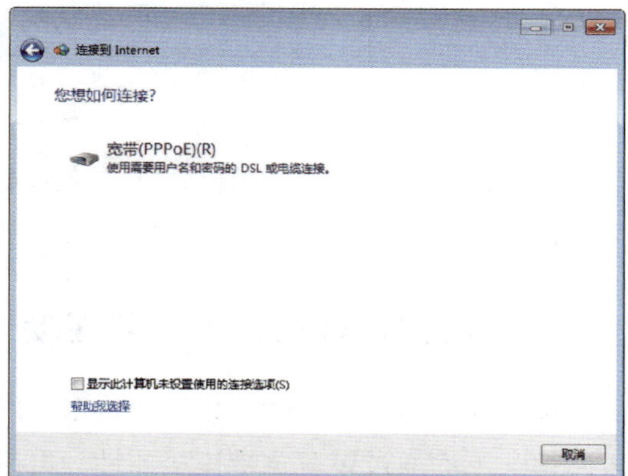

图 2—1—5

5. 如图 2—1—6 所示，在对话框中相应的文本框内输入从网络服务提供商获得的用户名和密码，单击“连接”按钮。

6. 出现如图 2—1—7 所示验证对话框，等待系统验证完成后，在“网络连接”窗口中，会出现“宽带连接”图标，如图 2—1—8 所示。

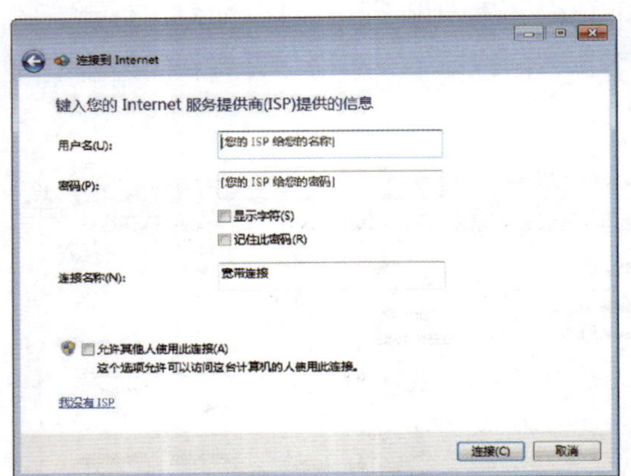

图 2—1—6

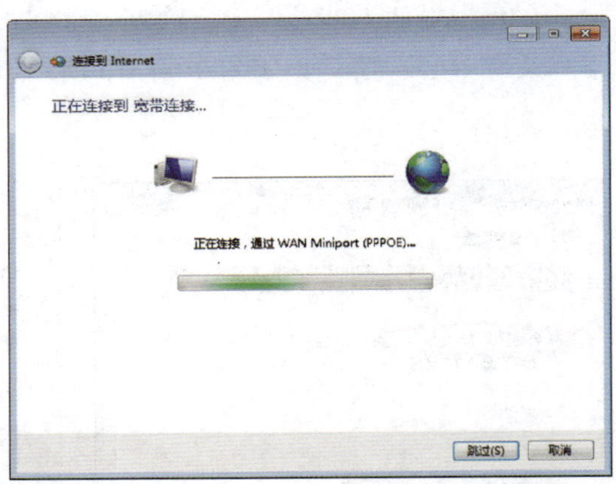

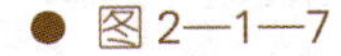
图 2—1—7

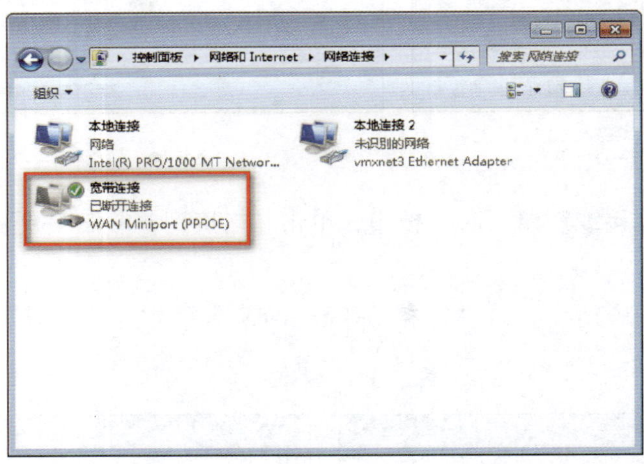

图 2—1—8

7. 双击“宽带连接”图标，在“连接宽带连接”窗口中，输入用户名和密码，单击“连接”按钮。等待连接成功后，即可打开浏览器测试。

三、设置光纤宽带的自动连接

按上述步骤设置宽带连接后，每次上网都需要用户手动输入用户名和密码，连接比较麻烦。下面通过设置宽带连接属性，可以使计算机每次开机后自动拨号建立连接，具体操作步骤如下：

1. 双击“宽带连接”图标，进入如图 2—1—9 所示的“连接 宽带连接”对话框，输入用户名和密码后，勾选“为下面用户保存用户名和密码”复选框，下面有两个单选按钮，默认选中“只是我”，也可选中“任何使用此计算机的人”。

2. 在该窗口中单击“属性”按钮，在“宽带连接 属性”对话框中选择“选项”选项卡，如图 2—1—10 所示，然后取消勾选“提示名称、密码和证书等”复选框，然后单击“确定”按钮。

3. 依次选择“开始”→“所有程序”→“启动”，然后右击，在快捷菜单中单击“打开”命令，打开“启动”窗口。

4. 选中“网络连接”窗口中的“宽带连接”图标，然后拖放到“启动”窗口中的空白处，结果如图 2—1—11 所示。至此，光纤宽带的自动连接就设置完成了。

图 2—1—9

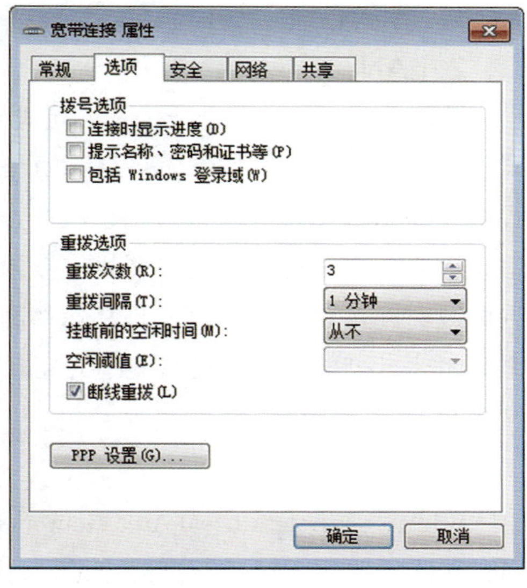

图 2—1—10

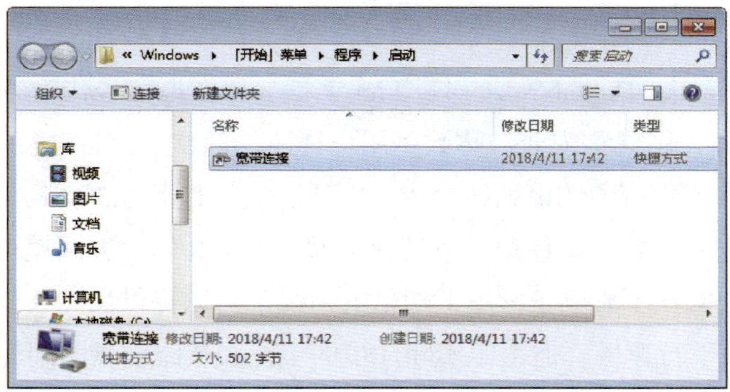

图 2—1—11

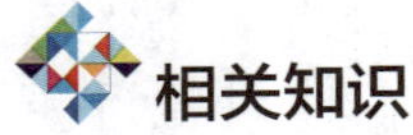

相关知识

一、常见的 Internet 接入方式

1. 光纤入户

光纤入户（FTTP）又被称为光纤到屋（FTTH），它是基于光纤电缆并采用光电子将诸如电话三重播放、宽带互联网和电视等多重高档的服务传送给家庭或企业。光纤入户有很多种架构，最常见的有两种：一种是点对点形式拓扑，从中心局到每个用户都用一根光纤；另一种是使用点对多点形式拓扑方式的无源光网络（PON），采用点到多点的方案可大大降低光收发器的数量和光纤用量，并降低中心局所需的机架空间，具有成本优势，目前已经成为主流。

2. LAN

采用 FTTX+LAN（光纤接入 + 局域网）方式实现 10 Mb/s、100 Mb/s、1 000 Mb/s 不同速率宽带接入的方式也较为常用。我国的一些小区宽带多是使用这种方式。在这一方式中，Internet 通过光纤接入到小区节点或楼道，再由网线连接到各个共享点上（一般不超过 100 m），即用户通过网线连接到运营商组建的局域网中，再由运营商通过光纤将局域网接入 Internet。其特点是速率高，抗干扰能力强，适用于家庭、个人或各类企事业团体，可以实现各类高速率的互联网应用，如视频服务、高速数据传输、远程交互等。

3. WLAN

WLAN（Wireless Local Area Networks，无线局域网）的接入方式与 LAN 类似，用户通过无线方式连入运营商提供的无线局域网，再由运营商将局域网接入 Internet。随着无线上网设备的普及，除了在一些企业内部作为有线网络的补充使用，越来越多的公共场所也开始提供 WLAN 以方便用户上网。

4. ADSL

ADSL（Asymmetric Digital Subscriber Line）是一种数据信号传输方式，因为其上行和下行带宽不对称，因此称为非对称数字用户环路，通常是上行速度慢，下行速度快。它采用频分复用技术把普通的电话线分成了电话、上行和下行 3 个相对独立的信道，从而避免了相互之间的干扰。即使边打电话边上网，也不会发生上网速率和通话质量下降的情况。通常 ADSL 在不影响正常电话通信的情况下可以提供最高 3.5 Mb/s 的上行速度和最高 24 Mb/s 的下行速度，但由于实际环境的干扰和线路质量的问题，实际的传输速度要比这两个最高速度低很多。通过 ADSL 接入 Internet 的方式如图 2—1—12 所示。

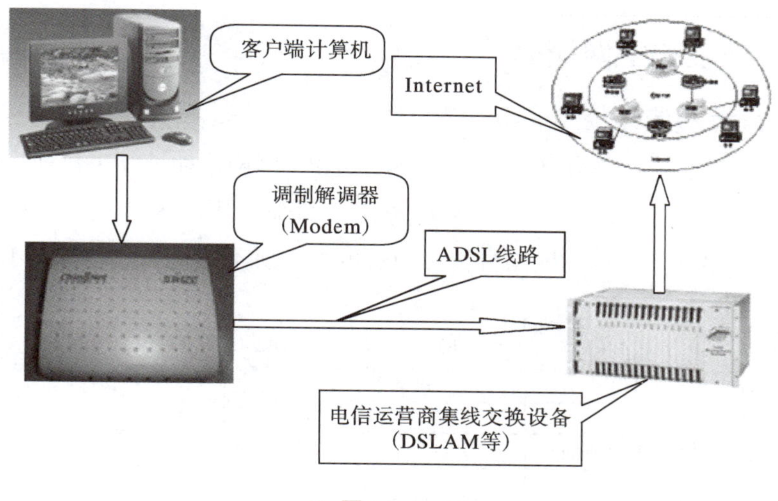

图 2—1—12

5. 拨号上网

拨号上网是一种早期曾广泛应用的 Internet 接入方式。只要用户拥有一台个人计算机、一个外置或内置的调制解调器（Modem）和一根电话线，再向本地 ISP 供应商申请自己的账号，或购买上网账号卡，拥有自己的用户名和密码后，即可通过拨打 ISP 的接入号连接到 Internet 上。拨号上网属于窄带技术，最高速度只有 56 KB/s，且在上网时电话无法正常通话，目前已不再使用。

6. ISDN

ISDN（Integrated Services Digital Network）的中文全称为综合业务数字网，它通过普通的铜缆来传输语音和数据，与传统的电话网络相比，速度和质量都有所提高。我国曾于 20 世纪 90 年代中期在部分地区推出 ISDN 业务，其接入速率最高可达 128 KB/s，是拨号上网的两倍，且具有用户在上网的同时可正常接打电话的优点。但由于其仍属于窄带技术，且价格相对较高，无法满足用户的需求，很快便被宽带技术所取代。

二、光调制解调器

光纤通信因其频带宽、容量大等优点而迅速发展成为当今信息传输的主要形式，要实现光通信就必须进行光的调制解调，因此光调制解调器是光纤通信系统的关键器件。光调制器分为直接调制器与外调制器两种，光解调器则分为有、无内置前放两种。直接调制器与具有内置前放的解调器是光调制解调器的发展重点，直接调制具有简单、经济和容易实现的优点，具有内置前放的解调器则具有集成度高、体积小的特点。

光调制解调器在用户端，一般使用单端口光端机，工作类似常用的广域网专线（电路）联网用的基带 MODEM，故又称作“光猫”。

三、IP 地址和子网掩码

1. IP 地址的分类

一个 IP 地址包括两个标识码（ID，也称地址），即网络地址和主机地址。IP 地址根据网络地址的不同分为 A、B、C、D 和 E 五类，目前常用的为前三类。每类网络中 IP 地址的结构即网络标识长度和网络种类标识长度都有所不同，如图 2—1—13 所示。

bit位	B0	B1	B2	B3
A类	0 网络地址	主机地址		
B类	10 网络地址		主机地址	
C类	110 网络地址			主机地址
D类	1110 组播地址			
E类	11110 保留			

图 2—1—13

（1）A 类 IP 地址

A 类 IP 地址用于非常大的网络，如大型跨国公司的网络。一个 A 类 IP 地址由 1 个字节的网络地址和 3 个字节的主机地址组成，网络地址的最高位必须是“0”，地址范围从 1.0.0.0 ~ 126.0.0.0。可用的 A 类网络有 126 个，每个网络能容纳 1 677 万多个主机。

（2）B 类 IP 地址

B 类 IP 地址用于中等规模的网络。一个 B 类 IP 地址由 2 个字节的网络地址和 2 个字节的主机地址组成，网络地址的最高位必须是“10”，地址范围从 128.0.0.0 ~ 191.255.255.255。可用的 B 类网络有 16 382 个，每个网络能容纳 6 万多个主机。

（3）C 类 IP 地址

C 类 IP 地址通常用于中小型企业。一个 C 类 IP 地址由 3 个字节的网络地址和 1 个字节的主机地址组成，网络地址的最高位必须是“110”。范围从 192.0.0.0 ~ 223.255.255.255。C 类网络有 209 万多个，每个网络能容纳 254 个主机。

（4）D 类 IP 地址

D 类 IP 地址常用于多点广播（Multicast）。D 类 IP 地址第一个字节以“1110”开始，它是一个专门保留的地址，并不指向特定的网络。多点广播地址用来一次寻址一组计算机，它标识共享同一协议的一组计算机。

（5）E 类 IP 地址

E 类 IP 地址仅供实验之用。以“11110”开始，为将来使用保留。

全“0”的 IP 地址（“0.0.0.0”）对应于当前主机。全“1”的 IP 地址（“255.255.255.255”）是当前子网的广播地址。

在 IP 地址的 3 种主要类型里，各保留了 3 个区域作为私有地址，其地址范围如下：

A 类地址：10.0.0.0 ~ 10.255.255.255

B 类地址：172.16.0.0 ~ 172.31.255.255

C 类地址：192.168.0.0 ~ 192.168.255.255

所有的 IP 地址都是由国际组织 NIC（Network Information Center）负责统一分配，目前全世界共有 5 个这样的网络信息中心：ARIN，负责北美地区；RIPE，负责欧洲地区；APNIC，负责亚太地区；LACNIC，负责拉丁美洲业务；AFRNIC 负责非洲地区业务。

我国申请 IP 地址要通过 APNIC，APNIC 的总部设在澳大利亚布里斯班。申请时要考虑申请哪一类 IP 地址，然后向国内的代理机构提出。

2. 子网掩码

子网掩码是一个 32 位地址，是与 IP 地址结合使用的一种技术。它的主要作用有两个：一是用于屏蔽 IP 地址的一部分以区别网络标识和主机标识，并说明该 IP 地址是在局域网上，还是在远程网上；二是用于将一个大的 IP 网络划分为若干个小的子网络。

A、B、C 类 IP 地址的默认子网掩码分别为“255.0.0.0”“255.255.0.0”“255.255.255.0”。

用子网掩码判断 IP 地址的网络地址与主机地址的方法是用 IP 地址与相应的子网掩码进行与运算，以区分出网络地址部分和主机地址部分。

思考与练习

1. 什么是光纤宽带上网？它的优势有哪些？

2. 配置一台计算机使之能通过光纤宽带连接到 Internet 上，并能正常地浏览网页和下载、上传文件。

任务 2 局域网接入 Internet

学习目标

1. 了解无线局域网的概念及连接方式。

2. 认识组建无线局域网所需的设备。

3. 掌握局域网接入 Internet 的设置过程。

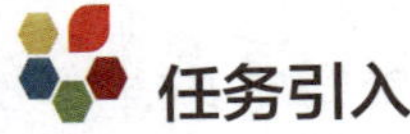

任务引入

如果同时有几台计算机都有上网需求，可通过路由器自行组建一个局域网，共用一个宽带账号连入 Internet。这种方式可大大节省上网费用，而且如果各台计算机上网的频率不是很高，也不集中，还可以提高网络的利用率。这种方法适用于家庭中有两台以上计算机的用户，以及各高校校园寝室内部局域网和中小企业内部局域网。

目前，用于宽带接入的路由器有有线和无线两种。有线宽带路由器可实现有线局域网接入 Internet 的功能，无线宽带路由器除了具有有线宽带路由器的功能外，还能用于组建无线局域网。在实际应用中，通常都是有线方式、无线方式共同使用。

本任务我们就来使用无线宽带路由器组建局域网，并实现局域网接入 Internet。

任务实施

一、认识无线路由器

无线路由器的外观如图 2—2—1 所示，各个接口从左到右依次为电源插口、复位键、WAN 接口、4 个 LAN 接口。

其中，WAN 接口用于与光猫连接，4 个 LAN 接口可供最多 4 台计算机通过有线的方式接入局域网，复位按钮用于恢复路由器的出厂设置。

使用路由器时，应首先将电源线，WAN 与光猫的连线接好。

二、通过有线方式连接路由器

首先用双绞线将一台计算机的网卡与无线路由器相连，然后查看无线路由器说明书，设置计算机的 IP 地址和无线路由器在同一网段上，如无线路由器的 IP 地址为 192.168.1.1（一般无线路由器背面写有 IP 地址），则计算机的 IP 地址设为 192.168.1.10，网关设为路由器的 IP 地址 192.168.1.1，如图 2—2—2 所示。

设置完成后即实现了计算机与路由器的连接，接下来只需对路由器进行相关配置便可连接到 Internet。

图 2—2—1

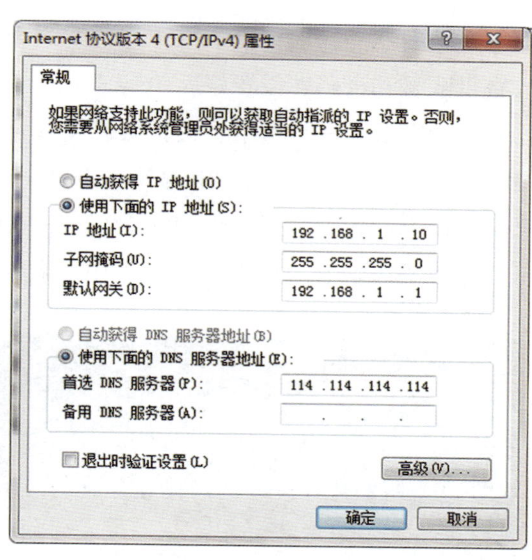

图 2—2—2

三、设置路由器

1. 打开 IE 浏览器，在地址栏输入路由器 IP 地址，如 192.168.1.1，如果路由器首次使用，则进入路由器设置向导，如图 2—2—3 所示，首先创建管理员密码，设置完成后，单击“确定”按钮。

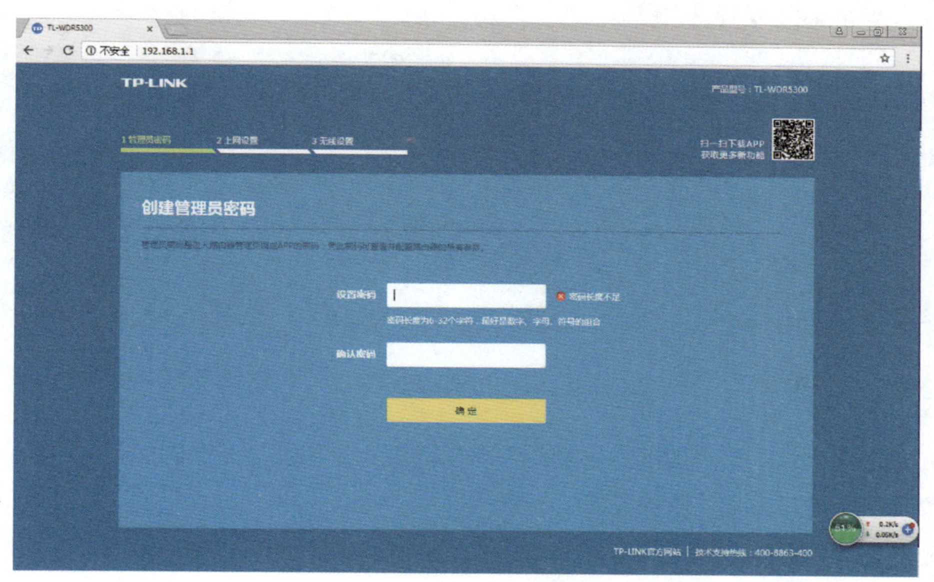

图 2—2—3

2. 路由器能自动识别上网方式，如图 2—2—4 所示，如采用宽带拨号上网，需要输入宽带账号和密码，设置好后单击“下一步”按钮。

3. 如图 2—2—5 所示，进行无线设置，设置无线名称、无线密码，设置完成，单击“确定”按钮，保存配置时出现如图 2—2—6 所示页面。

4. 保存配置完成后，出现如图 2—2—7 的管理界面，如果浏览器版本过低，会有提示，需要升级到 IE 9 浏览器，或使用谷歌、火狐浏览器。

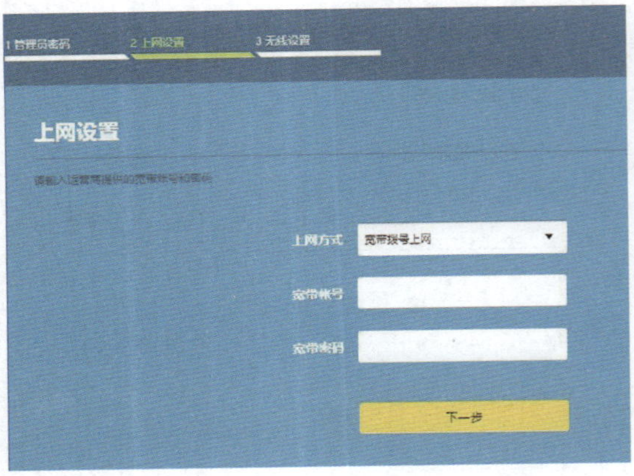

图 2—2—4

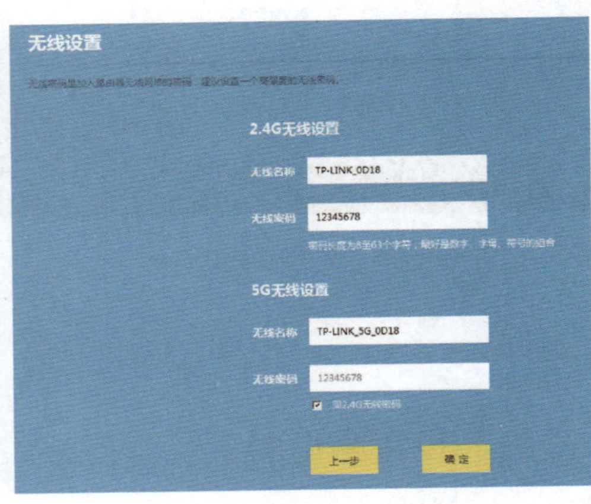

图 2—2—5

图 2—2—6

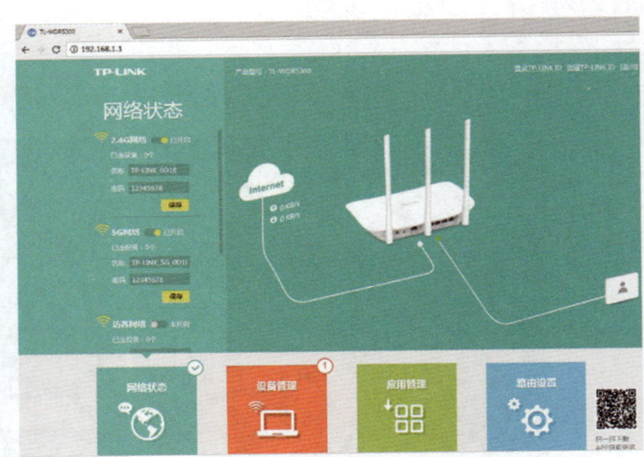

图 2—2—7

5. 单击图 2—2—7 页面下方右侧的“路由设置”按钮，打开如图 2—2—8 所示路由器设置页面，可对上述步骤的设置进行修改。

6. 路由器的 DHCP 服务器默认是打开的，单击左侧“DHCP 服务器”可进行设置修改，设置后单击“保存”按钮，如图 2—2—9 所示。

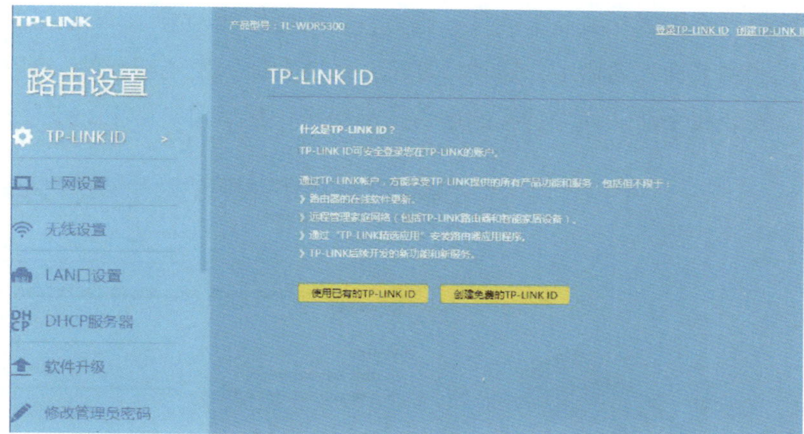

图 2—2—8

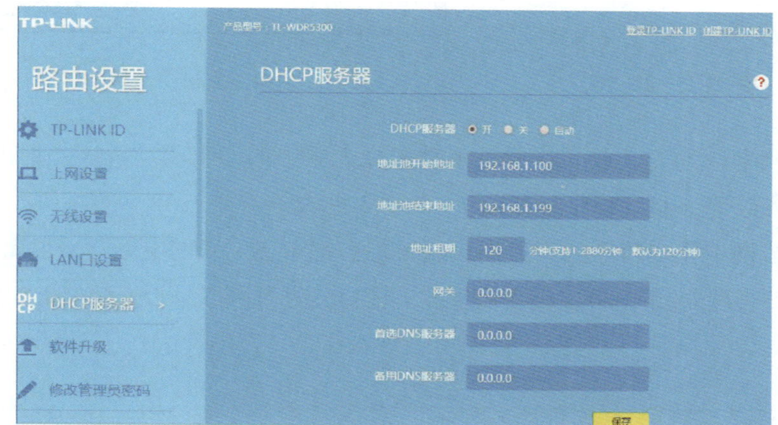

图 2—2—9

上述设置完成后，该台计算机就可以访问 Internet 了，如果还有其他计算机需要通过有线方式连接路由器上网，只需用双绞线将计算机网卡与无线路由器相连即可（如果路由器没有开启 DHCP 功能，还需设置网卡的 IP 地址）。

四、通过无线方式连接路由器

1. 安装无线网卡

无线网卡是计算机实现无线上网、连接无线网络的一种终端设备，它和普通网卡类似，是实现计算机和网络连接的接口。计算机与无线网络连接必须使用无线网卡。

- 台式计算机使用 PCI 或 USB 接口的无线网卡，如图 2—2—10 所示。
- 笔记本电脑使用内置 MiniPCI 接口，或外置 PCMCIA 和 USB 接口的网卡。

如果计算机没有内置无线网卡硬件，则应首先安装无线网卡。

（1）将无线网卡插入插槽中，启动计算机，系统会提示发现新硬件，如图 2—2—11 所示，选择“安装我手动从列表选择的硬件（高级）”，然后单击“下一步”按钮。

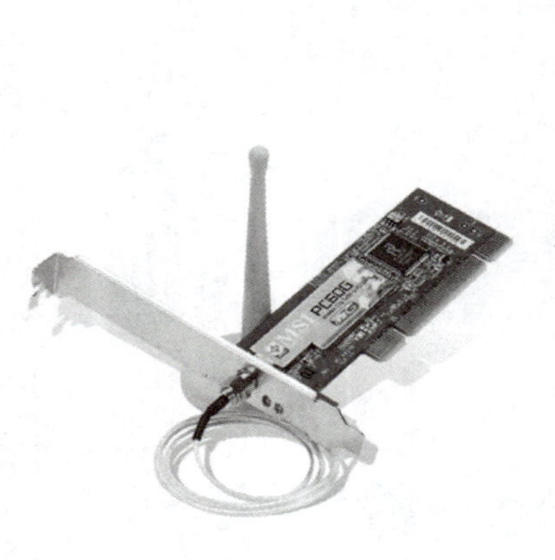

图 2—2—10

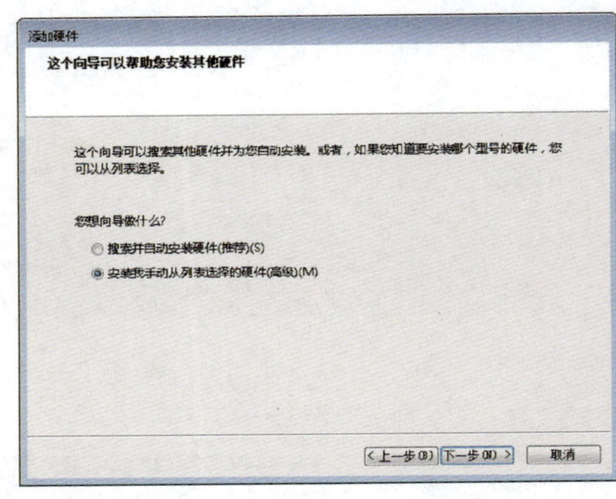

图 2—2—11

（2）将网卡驱动光盘放入光驱，手动选择光驱中的网卡驱动程序，单击“下一步”按钮，开始安装网卡驱动程序，如图 2—2—12 所示。

（3）完成网卡驱动程序的安装后，用鼠标右键单击“我的电脑”→“属性”→“硬件”→“设备管理器”，打开“设备管理器”窗口，查看网卡是否安装好，如图 2—2—13 所示。

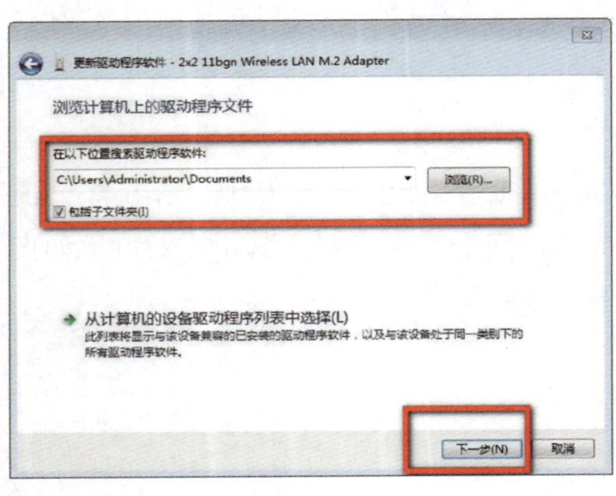

图 2—2—12

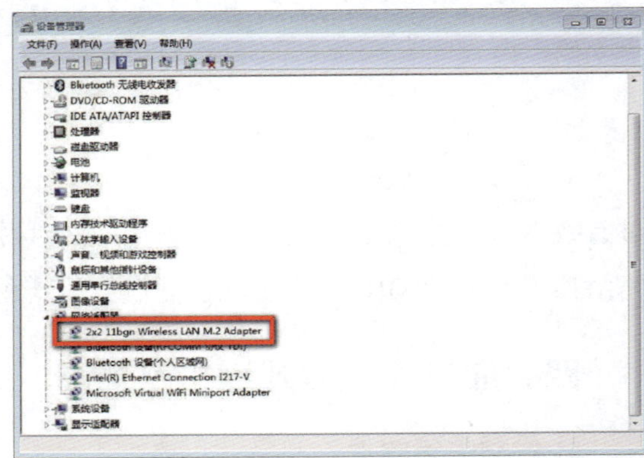

图 2—2—13

2. 连接无线路由器

（1）打开“网络连接”窗口，找到“无线网络连接”，单击鼠标右键，在图 2—2—14

所示快捷菜单中选择“连接 / 断开（O）”，弹出图 2—2—15 所示窗口。

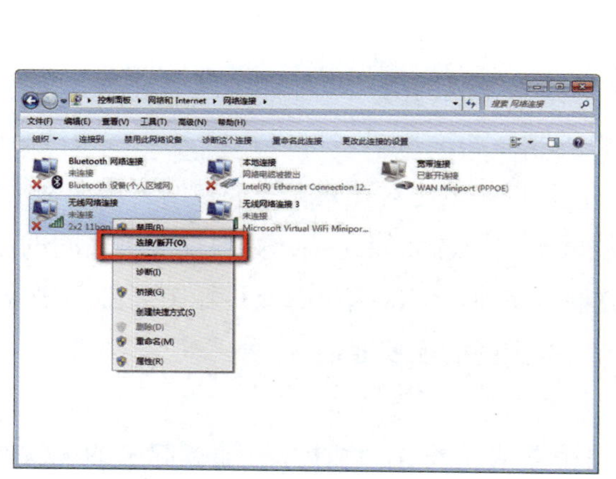

● 图 2—2—14

● 图 2—2—15

（2）在列出的网络列表中选择“vanfg”网络，双击打开，在弹出的对话框中输入刚才设置的网络密码，如图 2—2—16 所示。

（3）单击“连接”按钮后，即可完成连接，如图 2—2—17 所示。

上述设置完成后，该台计算机就可以通过无线局域网访问 Internet 了。

如果无线路由器没有开启 DHCP 功能，还应参照前面有线连接的设置方式，在“无线网络连接”中设置 IP 地址等。

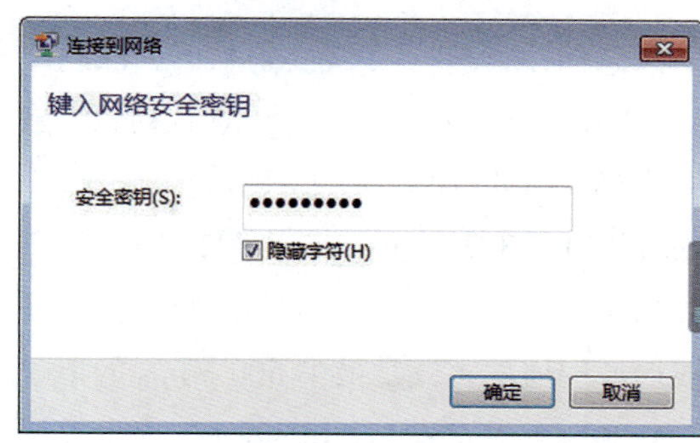

● 图 2—2—16

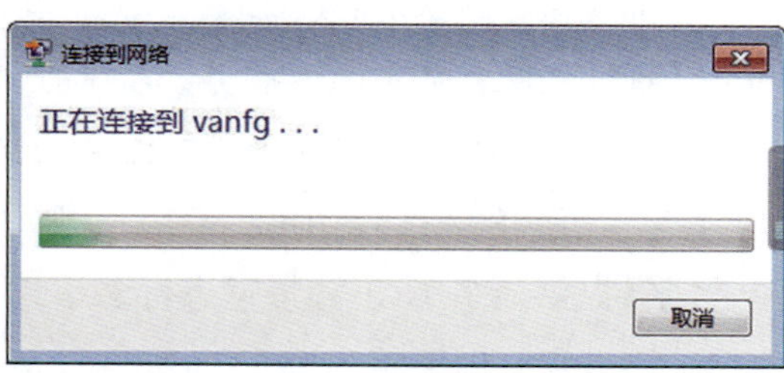

● 图 2—2—17

相关知识

一、无线局域网连接方式

1. 对等式无线局域网

对等式无线局域网即不带无线 AP 的独立无线网络，也称无线网卡直连式网络。无线 AP 即无线接入点，它是无线网络的集线器和交换机，可以提供多个无线网络接入口，是移动计算机用户进入有线网络的接入点。组建对等式无线局域网只需在网络中的计算机上安装无线网卡，然后通过无线网卡之间的无线连接，实现计算机之间的通信、资源共享等。其网络结构简单，组网方便、快捷。但因信号有效传输距离小，覆盖范围有限，该方式主要适用于少量计算机的小范围间的无线通信。

2. 集中式无线局域网

集中式无线局域网是指通过无线路由器或无线 AP 将计算机连接起来的无线网络，所有计算机均安装无线网卡，信息的发送是通过一台计算机发送给路由器，再由路由器发送给其他计算机，信息的传送是通过无线完成的，无线路由器的网络信号覆盖范围内，计算机接收信号后相互通信。如图 2—2—18 所示为无线访问点式无线局域网的示意图。任务实施中所组建的局域网就属于这种类型。

3. 扩展式无线局域网

如图 2—2—19 所示，扩展式无线局域网是集中式无线局域网的延伸，主要是将无线网络的覆盖范围扩大，增加计算机上网的数量。

二、无线路由器

无线路由器是用于用户上网、带有无线覆盖功能的路由器。市场上流行的无线路由器一般都支持专线 XDSL/CABLE、动态 XDSL、PPTP 四种接入方式，它还具有其他一些网络管理的功能，如 DHCP 服务、NAT 防火墙、MAC 地址过滤、动态域名等。

无线路由器目前支持的主流协议标准有 IEEE 802.11ac、IEEE 802.11n、IEEE 802.11g、IEEE 802.11b、IEEE 802.11a 等。IEEE 802.11ac 通过 5 GHz 频带进行通信，理论上能够提供最多 1 Gbps 带宽进行多站式无线局域网通信，或是最少 500 Mbps 的单一连接传输带宽，向下兼容 IEEE 802.11n。IEEE 802.11n 是在 802.11g 和 802.11a 之上发展起来的一项技术，最大的特点是速率提升，理论速率最高可达 600 Mbps（目前业界主流为 300 Mbps），802.11n 可工作在 2.4 GHz 和 5 GHz 两个频段。IEEE 802.11g 在 2.4 GHz 频段使用正交频分复用（OFDM）调制技术，使数据传输速率提高到 20 Mbit/s 以上；

能够与 IEEE 802.11b 的 WiFi 系统互联互通，可共存于同一 AP 的网络里，从而保障了向下兼容性。IEEE 802.11b 的带宽最高达 11 Mbps，可根据实际情况采用 5.5 Mbps、2 Mbps 和 1 Mbps 带宽，使用的是开放的 2.4 GHz 频段。IEEE 802.11a 的最大传输速率为 54 Mbps，工作在 5 GHz 频段。

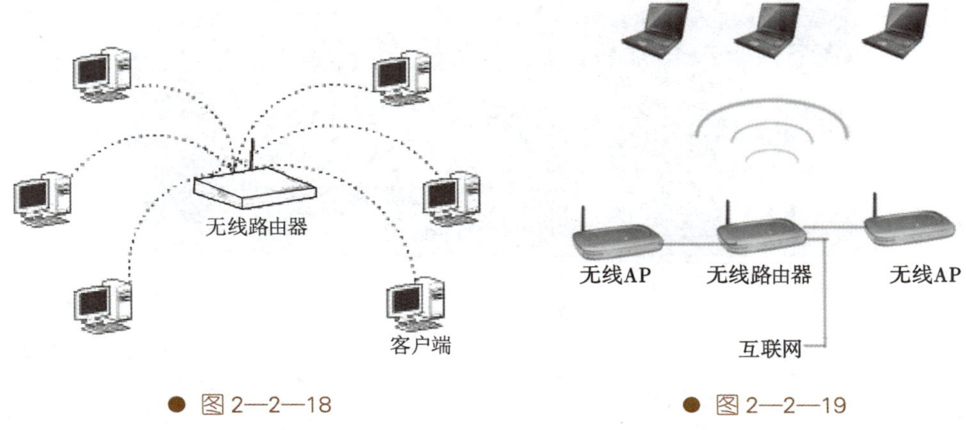

图 2—2—18　　图 2—2—19

知识拓展

一、查看网络是否连通的方法

查看计算机与无线路由器是否连通的具体方法是，单击“开始”进入命令提示符窗口，输入“ping 192.168.1.1”（即 ping 路由器 IP 地址），如图 2—2—20 所示表示已正常连接。

二、对等式无线局域网的设置方式

1. 右击桌面“网络”图标，单击快捷菜单中的“属性”命令，单击“网络和共享中心”窗口中的“更改适配器设置”链接，在打开的“网络连接”窗口中会显示“无线网络连接”图标，如图 2—2—21 所示。

2. 用鼠标右键单击“无线网络连接”图标，在弹出的快捷菜单中选择“属性”，打开“无线网络连接属性”对话框，在对话框中找到“Internet 协议版本 4（TCP/IPv4）”，如图 2—2—22 所示，单击“属性”按钮，打开“Internet 协议版本 4（TCP/IPv4）属性”对话框。

3. 设置无线网卡 IP 的地址，如图 2—2—23 所示，完成后单击“确定”按钮。

```
C:\WINDOWS\system32\cmd.exe
        Connection-specific DNS Suffix  . :
        IP Address. . . . . . . . . . . . : fe80::ffff:ffff:fffd%5
        Default Gateway . . . . . . . . . :

Tunnel adapter Automatic Tunneling Pseudo-Interface:

        Connection-specific DNS Suffix  . :
        IP Address. . . . . . . . . . . . : fe80::5efe:192.168.1.10%2
        Default Gateway . . . . . . . . . :

C:\Documents and Settings\Administrator>ping 192.168.1.1

Pinging 192.168.1.1 with 32 bytes of data:

Reply from 192.168.1.1: bytes=32 time<1ms TTL=64
Reply from 192.168.1.1: bytes=32 time<1ms TTL=64
Reply from 192.168.1.1: bytes=32 time<1ms TTL=64
Reply from 192.168.1.1: bytes=32 time<1ms TTL=64

Ping statistics for 192.168.1.1:
    Packets: Sent = 4, Received = 4, Lost = 0 (0% loss),
Approximate round trip times in milli-seconds:
    Minimum = 0ms, Maximum = 0ms, Average = 0ms

C:\Documents and Settings\Administrator>
```

图 2—2—20

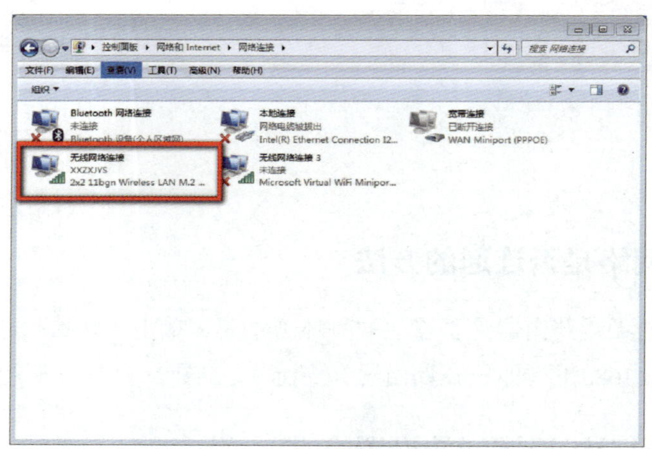

图 2—2—21

4. 回到“网络连接”窗口，右击“无线网络连接”，单击快捷菜单中“状态”命令，单击“无线属性”按钮，如图 2—2—24 所示。

5. 弹出“无线网络属性”对话框，选择“安全”选项卡，安全类型选择“无身份验证（开放式）”，加密类型选择“无”（如果需要加密无线局域网，则在此处选择“WPA2—个人”，然后输入网络密钥），如图 2—2—25 所示。

6. 按照同样的方法设置第 2 台计算机的 IP 地址和无线网络属性，注意 IP 地址要在同一网段上。

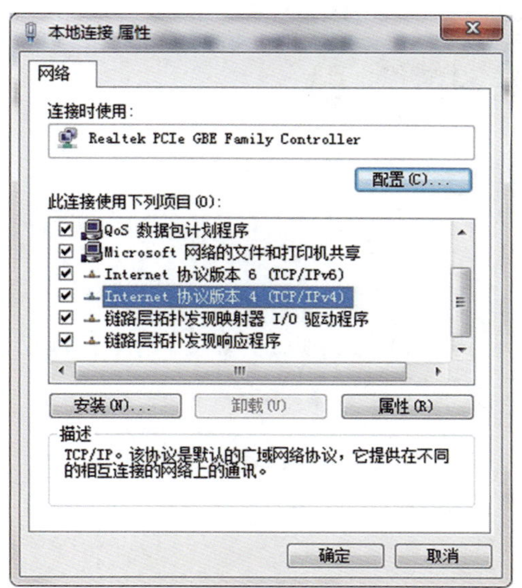

● 图 2—2—22

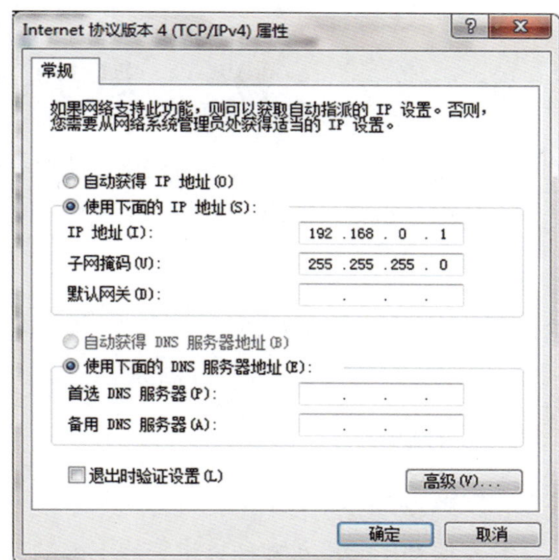

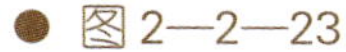
● 图 2—2—23

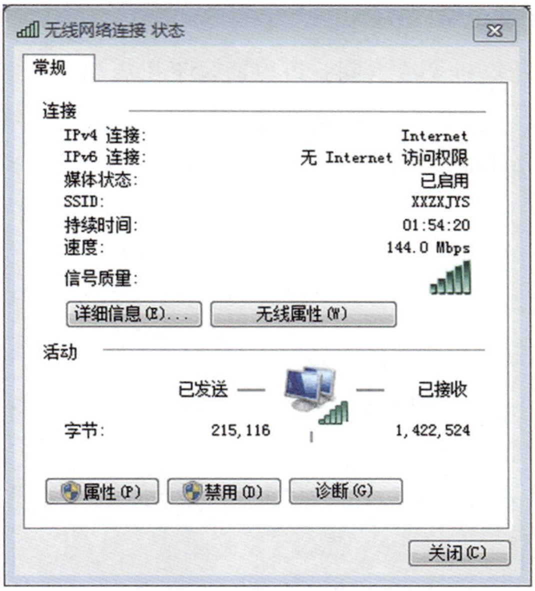

● 图 2—2—24

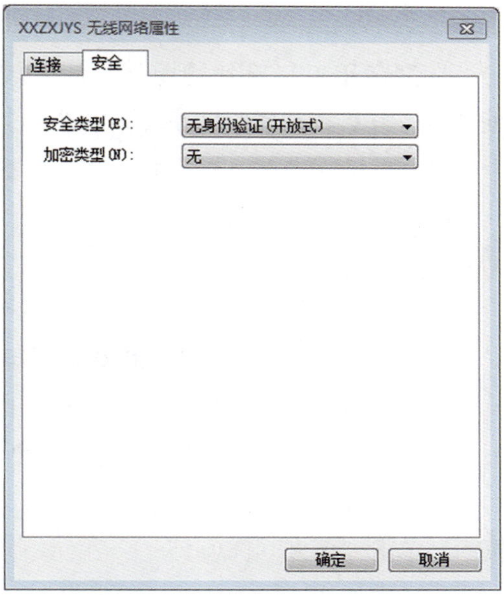

● 图 2—2—25

7. 两台计算机都设置好后，系统右下角会显示“无线网络连接现在已连接”，表示无线网络已经连接好了。

思考与练习 

1. 无线局域网与有线局域网相比有哪些优势和特点？
2. 使用无线路由器组建无线局域网。

任务 3　通过移动通信网络接入 Internet

学习目标

1. 了解 4G 的基本知识。
2. 掌握利用手机实现计算机无线上网的设置过程。

任务引入

在没有开 WiFi 环境的场合，如要实现计算机无线上网，可以通过手机启用移动数据功能，开启移动网络共享（共享热点），计算机通过无线网卡连接该热点，实现无线上网。本任务就来学习如何利用手机通过移动通信网络接入 Internet。

任务实施

手机移动数据与移动网络共享的设置

目前主流的手机操作系统主要有安卓和 iOS 两种。采用安卓系统的手机品牌很多，下面以华为 MATE 7 手机为例，介绍安卓系统手机的相关设置。

1. 单击如图 2—3—1 所示屏幕上的“设置”图标，打开如图 2—3—2 所示“设置”页面，单击“更多”选项。

2. 单击如图 2—3—3 所示“无线和网络”设置页面中的“移动网络”选项，打开如图 2—3—4 所示“移动网络”设置页面，向右拖动“移动数据”右侧开关，启用移动数据，单击页面下方左侧 ◁ 返回按钮，返回到“无线和网络”设置页面。

3. 单击如图 2—3—5 所示“无线和网络”设置页面中的“移动网络共享”选项，打开“移动网络共享”设置页面，单击“便携式 WLAN 热点”选项，如图 2—3—6 所示。

● 图 2—3—1　● 图 2—3—2　● 图 2—3—3

● 图 2—3—4　● 图 2—3—5　● 图 2—3—6

4. 在如图 2—3—7 所示的“便携式 WLAN 热点”设置页面中，向右拖动“HUAWEI Mate 7”右侧开关，启用该热点，单击“配置 WLAN 热点”选项。

5. 在如图 2—3—8 所示的设置页面中，设置网络 SSID、加密类型、密码等设置项，设置完成后，单击“保存”按钮后返回上一页面，退出后即配置完成。

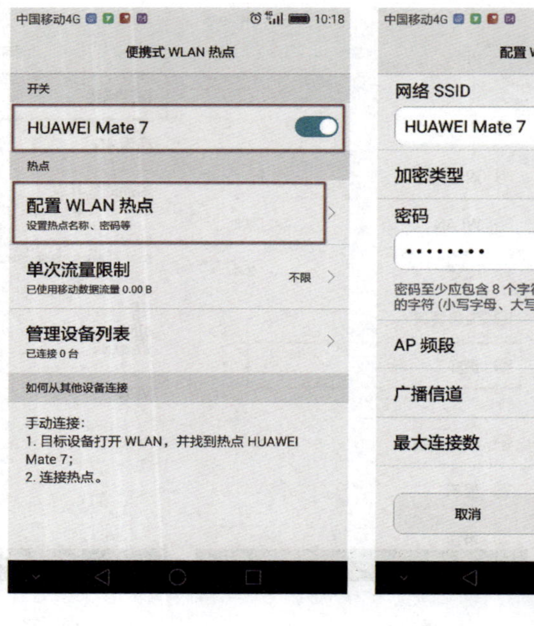

● 图 2—3—7　　● 图 2—3—8

6. 在计算机上查看可用的无线连接，如图 2—3—9 所示。在列出的网络列表中找到手机共享的“HUAWEI Mate 7”热点，单击选中，再单击弹出的“连接”按钮。

7. 在弹出的对话框中，输入刚才设置的网络密码，单击“确定”按钮即可完成连接，如图 2—3—10 所示。

经过上述设置，即可完成计算机通过手机移动通信网络上网。

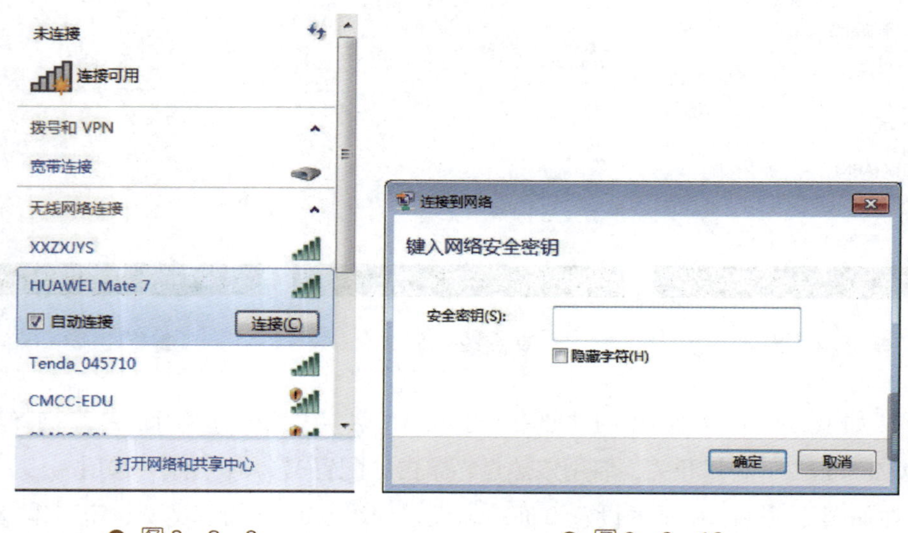

● 图 2—3—9　　● 图 2—3—10

相关知识

目前主流的移动通信技术是4G，4G的全称为4rd Generation，其中文含义为第四代移动通信技术。它包括TD-LTE和FDD-LTE两种制式。4G能够以100 Mbps以上的速度下载，能够满足绝大部分用户对于无线服务的要求。4G移动通信系统采用的多项核心技术有：

1. 全新的调制技术，如采用多载波正交频分复用调制技术以及单载波自适应均衡技术等调制方式，以保证频谱利用率和延长用户终端电池的寿命。

2. 更高级的信道编码方案，从而在低信噪比条件下保证系统足够的性能。

3. 智能天线技术，应用数字信号处理技术，产生空间定向波束，使天线主波束对准用户信号到达方向，抗干扰能力强，达到充分利用移动用户信号并消除或抑制干扰信号的目的，这种技术既能改善信号质量又能增加传输容量。

4. MIMO（多输入多输出）技术，利用多发射、多接收天线进行空间分集的技术，它采用的是分立式多天线，能够有效地将通信链路分解成为许多并行的子信道，从而大大提高传输容量。

5. 基于IP的核心网，可以实现不同网络间的无缝互联。

6. 多用户检测技术，提高宽带通信系统中抗干扰性能。

2013年12月4日，工业和信息化部向中国移动、中国电信、中国联通正式发放了第四代移动通信业务牌照（即4G牌照），此举标志着中国电信产业正式进入了4G时代。经过几年的发展，4G网络已在国内全面普及。借助4G网络，结合智能手机的应用，用户可在移动通信网络下流畅地使用高清视频、网络视频通话、高质量网络游戏等对传输速度率要求较高的业务，获得和在室内Wi-Fi环境下相近的使用体验。

目前，包括中国在内的世界各个国家和地区都在投入相当多的资源进行第五代移动通信技术（即5G技术）的研发和建设。5G网络的峰值理论速度可达每秒几十GB，比4G网络的传输速度快百倍，并具有低功耗、低延时等特点。物联网尤其是互联网汽车等产业发展迅速，对网络速度有着更高的要求，已成为推动5G技术发展的重要因素。5G技术的应用场景将由移动互联网向移动物联网拓展，构建起高速、移动、安全、泛在的新一代信息基础设施。与此同时，5G技术还将加速许多行业的数字化转型，并且更多地应用于工业互联网、车联网等领域。

在5G技术的标准、专利、设备、网络建设等各个方面，中国目前都已走在了世界前列。2019年6月6日，工业和信息化部正式发放了第五代移动通信业务牌照（即5G牌照），标志着5G技术在中国正式进入了商用阶段。除中国移动、中国电信、中国联

通三大运营商外，中国广播电视网络有限公司（简称“中国广电”）也获得了 5G 牌照，成为中国第四家基础电信运营商。

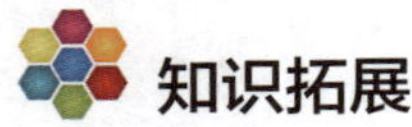

知识拓展

设置 iPhone 手机个人热点

与安卓系统手机类似，使用 iOS 系统的 iPhone 手机也支持移动数据与移动网络的共享。下面介绍 iPhone 手机设置手机个人热点的方法。

单击屏幕上的“设置”图标，选择“蜂窝移动网络”。然后单击“个人热点”，滑动滑块以开启。然后设置一个 WiFi 密码，这个密码的长度至少应为八个字符并使用 ASCII 字符，如图 2—3—11 所示。

图 2—3—11

手机网络大多按照流量计费，而计算机等设备接入网络后，常常会在后台自动运行软件更新或系统更新等程序，从而产生较多流量。对于安卓系统手机，为避免损失，在设置热点时，可对接入设备的数量、单次使用的流量等进行限制，而 iPhone 手机不支持这些设置，在使用时应加以注意。

思考与练习

1. 无线上网的基本类型有哪些?
2. 简述利用手机实现计算机无线上网的设置过程。

项目三

Internet 的使用安全

随着计算机及网络应用的迅速普及，无论是在工作中还是在生活中，人们对计算机及网络的依赖越来越强，甚至可以说，离开计算机和网络，很多工作已不能正常进行。与此同时，人们对计算机网络的安全问题也越来越重视，如何有效预防计算机病毒、杜绝恶意软件、防止黑客攻击、保护个人信息等问题已成为很多计算机网络用户关注的焦点。

本项目将对计算机网络安全的定义及面临的安全问题进行全面的分析，并介绍几款常用的计算机网络安全及管理软件的使用方法。

具体任务设置如下：

- 金山杀毒软件的使用。
- 360 安全卫士软件的使用。

任务 1　金山杀毒软件的使用

1. 理解计算机网络安全的定义与面临的安全问题。
2. 理解计算机病毒的定义和特点。
3. 掌握金山杀毒软件的使用方法。

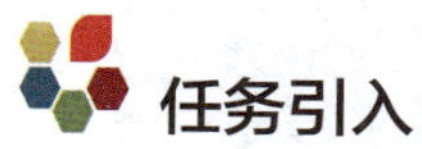

任务引入

杀毒软件是计算机病毒防范及查杀的重要工具。本任务以金山杀毒软件（金山毒霸）为例详细介绍如何进行杀毒软件的安装、设置、病毒查杀和升级。

任务实施

一、安装金山杀毒软件

1. 通过浏览器进入金山毒霸官网（http://www.ijinshan.com/），下载金山杀毒软件到本地储存磁盘中，如图 3—1—1 所示，双击运行金山杀毒软件的安装程序，根据安装向导进行操作。

2. 在显示的安装窗口中，指定金山杀毒软件的安装目录，单击“安装”按钮完成安装，如图 3—1—2 所示。

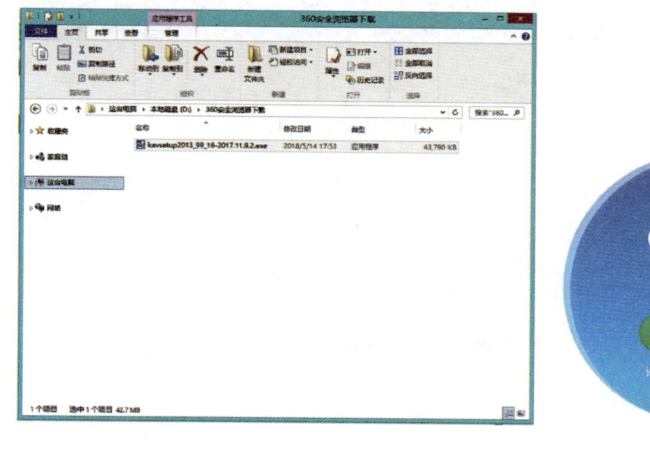

图 3—1—1

图 3—1—2

3. 安装完成后，默认打开金山杀毒软件，如图 3—1—3 所示。

二、金山杀毒软件的相关设置

1. 常规设置

打开软件后，如图 3—1—4 所示单击右上角的“设置中心”，进入金山毒霸的设置界面。

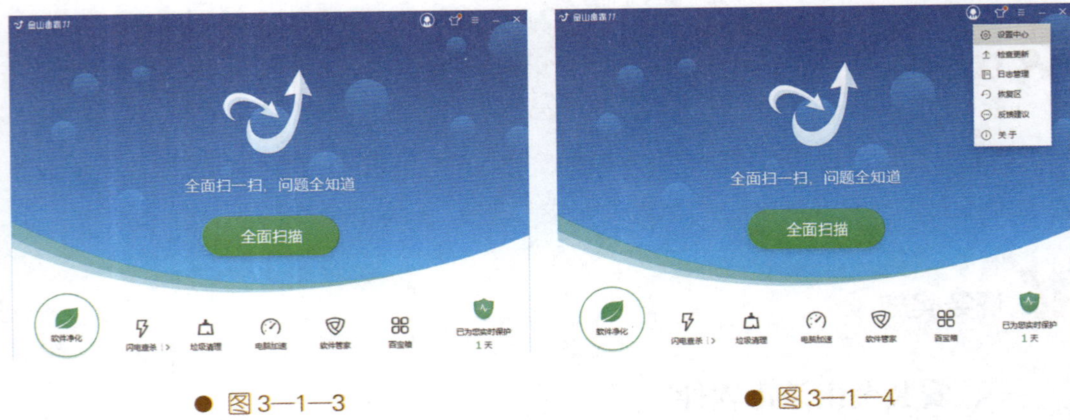

图3—1—3　　图3—1—4

（1）在“基本设置”中，可以将程序设置成开机自动运行，进行代理设置和设置免打扰模式，如图 3—1—5 所示。

（2）在“安全保护”设置中，可以设置病毒查杀方式，如“查杀文件的类型”“扫描方式设置”“发现病毒时的处理方式”等，除了日常的病毒查杀设置，金山毒霸还能对系统、网购、U 盘等的保护进行专门设置，如图 3—1—6 所示。

图3—1—5　　图3—1—6

（3）金山毒霸的主要功能是对电脑系统进行病毒防护，除此之外，还具有垃圾清理（见图 3—1—7）、电脑加速（见图 3—1—8）等常用优化功能，在“设置中心”可以对这些附加功能进行设置。

2. 杀毒模式设置

金山毒霸提供“全盘查杀”和“自定义查杀”两种杀毒模式。在“全盘查杀”模式下，金山毒霸会对电脑硬盘所有分区文件进行全盘的病毒扫描查杀，该模式耗时长但是查杀彻底；在“自定义查杀”模式下，金山毒霸需要用户选择一个文件夹或者分区进行病毒扫描查杀，该模式查杀快速精准但范围有限。

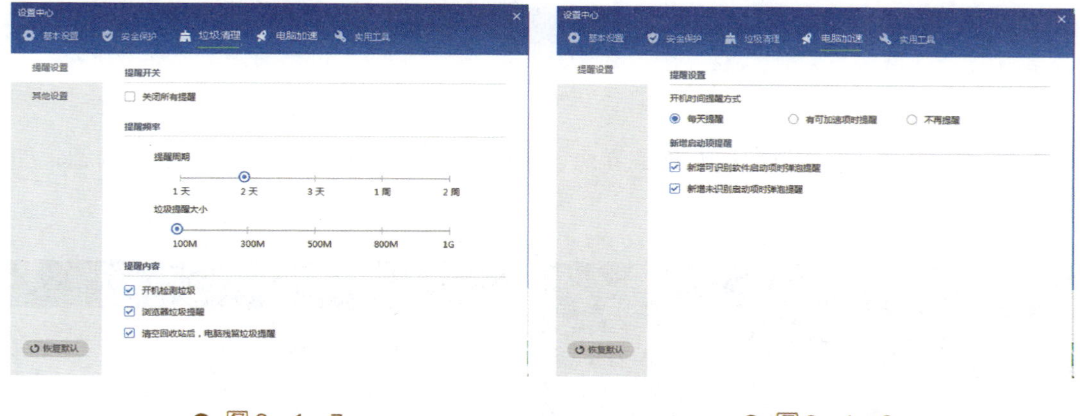

图 3—1—7　　图 3—1—8

在金山毒霸程序首页页面，单击“闪电查杀”后的“>”，可以进行查杀模式的选择，如图 3—1—9 所示。

3. 详细设置

在金山毒霸的设置中心，单击“安全防护”可以对杀毒防护进行详细设置，设置内容包括“病毒查杀”“系统保护”“上网保护”“网购保镖”“游戏保护”“U 盘卫士”“信任设置”和“引擎设置”。

（1）病毒查杀

1）查杀的文件类型设置，用户可以设置“闪电查杀”模式下，是扫描所有类型文件还是仅扫描程序和文档文件。

2）扫描方式设置，可以设置全盘和自定义扫描时，是否进入压缩包或光驱进行扫描。

3）发现病毒时的处理方式，用户可以设置发现病毒时，是自动处理还是手动处理，为了提高查杀效率，可以设置为自动处理。

4）宏病毒强力修复模式，为了提升 Office 文件的扫描效力，需要勾选此复选框。

（2）系统保护

1）监控模式设置，金山毒霸可以对系统进行全程监控，随时监控磁盘上的文件，有效拦截危险动作和病毒运行，如图 3—1—10 所示。

2）安全功能设置，可以防止恶意程序破坏系统内核和提示 Office 文档安全结果。

3）勒索病毒防护设置，可以开启诱饵式防护，预防勒索病毒变种。

4）弹窗拦截设置，可以设置拦截广告弹窗，提高电脑使用舒适性。

（3）上网保护

1）上网保护设置，开启上网保护，可以在用户使用搜索引擎时进行实时保护，如图 3—1—11 所示。

2）下载保护设置，可以设置下载文件提醒方式，以及扫描到病毒后处理方式或者扫描下载文件设置。

（4）网购保镖

设置网购时页面的颜色以及提醒界面，避免用户泄露网银交易账号和隐私问题，如图 3—1—12 所示。

图 3—1—9

图 3—1—10

图 3—1—11

图 3—1—12

（5）游戏保护

可以开启游戏极速模式，游戏启动时，进行物理内存清理、系统设置优化、关闭系统弹窗通知、结束与游戏无关的进程等，以提高用户游戏体验，如图 3—1—13 所示。

（6）U 盘卫士

1）U 盘保护设置，开启 U 盘实时保护可以帮助用户更加安全的使用 U 盘接入电脑。如图 3—1—14 所示。

2）可以设置插入 U 盘发现病毒时处理方式：自动处理或手动处理。

3）可以从以下 3 种模式中选择 U 盘安全打开模式：

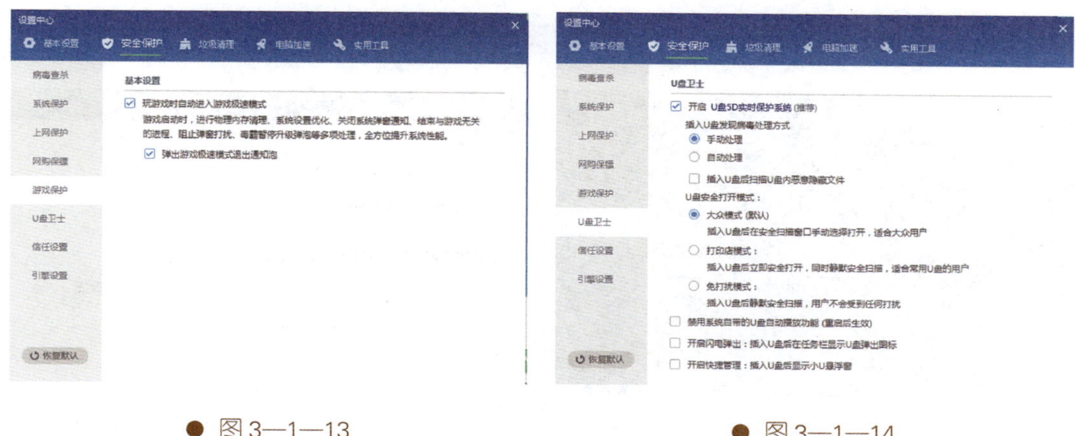

图 3—1—13　　图 3—1—14

大众模式（默认）：插入 U 盘后在安全扫描窗口手动选择打开，适合大众用户。

打印店模式：插入 U 盘后立即安全打开，同时静默安全扫描，适合 U 盘使用频率很高的用户。

免打扰模式：插入 U 盘后静默安全扫描，用户不会受到任何打扰。

4）U 盘卫士中还可以设置禁用系统自带的 U 盘自动播放功能、插入 U 盘后在任务栏显示 U 盘弹出图标以及插入 U 盘后显示小 U 悬浮窗。

（7）其他设置

1）信任设置，可以设置信任的文件、网址、系统修复项等，如图 3—1—15 所示。

2）引擎设置，可以设置病毒查杀引擎等，如图 3—1—16 所示。

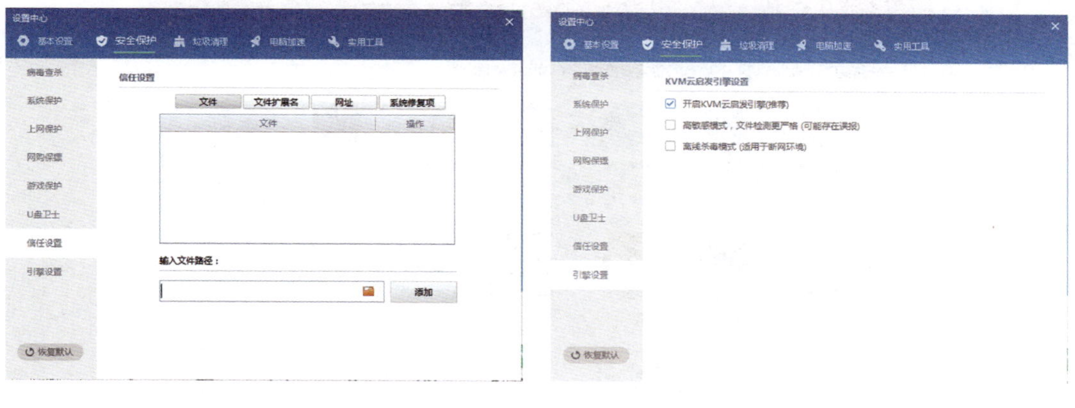

图 3—1—15　　图 3—1—16

4. 升级设置

通过进行升级设置能保持金沙毒霸杀毒软件及时更新病毒库，从而可以查杀各种新病毒，升级设置界面如图 3—1—17 所示。升级程序可以通过 Internet 进行升级，也可以选择本地下载好的程序进行升级，如图 3—1—18 所示。

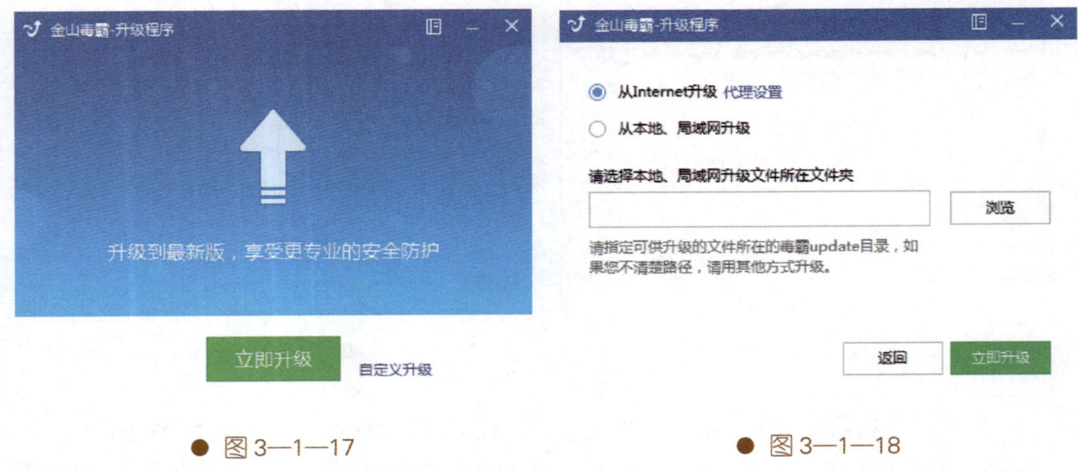

● 图 3—1—17　　● 图 3—1—18

三、查杀病毒操作

1. 全盘查杀

在金山毒霸杀毒软件主界面上单击“全盘扫描”即可对系统所有文件进行扫描，扫描完毕后，单击“一键修复”进行系统优化及病毒处理，如图 3—1—19 所示。

● 图 3—1—19

2. 自定义查杀

单击金山毒霸杀毒软件首页“闪电查杀”后的“>”，选择自定义查杀，弹出自定义查杀窗口，选择需要查杀的目录进行扫描查杀，如图 3—1—20 所示。

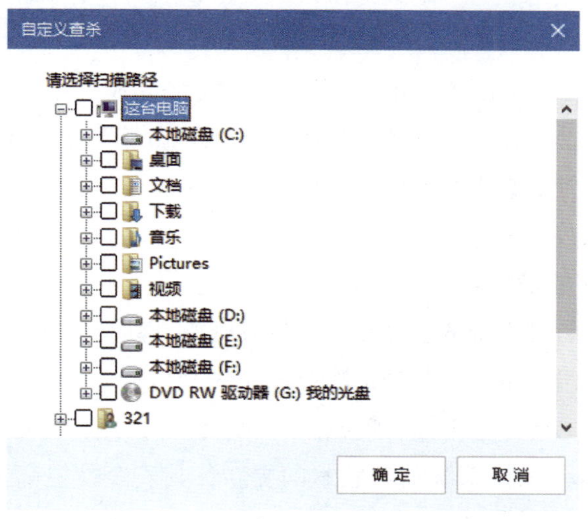

● 图 3—1—20

相关知识

一、计算机网络安全的定义

计算机网络安全是指利用网络管理控制和技术措施，保证在一个网络环境里，数据的保密性、完整性及可使用性受到保护。计算机网络安全包括两个方面，即物理安全和逻辑安全。物理安全指系统设备及相关设施受到物理保护，免于破坏、丢失等。逻辑安全包括信息的完整性、保密性和可用性。

二、计算机网络安全的潜在威胁

影响计算机信息网络安全的因素很多，包括人为因素、自然因素和偶发因素等。其中，人为因素是指一些不法之徒利用计算机网络存在的漏洞，或者潜入计算机机房盗用计算机系统资源，非法获取重要数据、篡改系统数据、破坏硬件设备、编制计算机病毒等。人为因素是对计算机信息网络安全威胁最大的因素。

计算机网络不安全因素主要表现在以下几个方面：

1. 计算机网络的脆弱性

互联网是对全世界都开放的网络，任何单位或个人都可以在网上方便地传输和获取各种信息。互联网这种具有开放性、国际性、自由性的特点就对计算机网络安全性提出了挑战。

（1）网络的开放性。网络的技术是全开放的，网络所面临的攻击来自多方面，包括来自物理传输线路的攻击、对网络通信协议的攻击以及对计算机软件、硬件的漏洞实施的攻击。

（2）网络的国际性。网络的国际性意味着对网络的攻击不仅是来自本地网络的用户，还可以是互联网上其他国家的黑客，所以，网络的安全面临着国际化的挑战。

（3）网络的自由性。大多数的网络对用户的使用没有技术上的约束，用户可以自由地上网，发布和获取各类信息。

2. 操作系统存在的安全问题

操作系统主要是管理系统的硬件资源和软件资源。其自身的不安全性和系统开发设计时留下的破绽，都给网络安全带来了隐患。

Windows 操作系统具有易用性、集成性、兼容性等特点，但系统安全性在设计时考虑不足。虽然 Windows 操作系统随着版本的更新，其安全性提高了很多，但是由于整体设计思想的限制，造成了 Windows 操作系统的漏洞不断。另外，在一个安全的操作系统中，最重要的安全概念是权限。每个用户有一定的权限，一个文件有一定的权限，而一段代码也有一定的权限。Windows 操作系统对权限的管理还有一定的局限性，这也给计算机网络安全带来了潜在的威胁。

3. 防火墙的局限性

防火墙只能提供网络的安全性，不能保证网络的绝对安全，它难以防范网络内部的攻击和病毒的侵犯。另外，随着技术的发展，还有一些破解的方法也对防火墙造成了一定威胁。

4. 其他方面的因素

计算机系统硬件和通信设施极易受到自然环境的影响，例如，各种自然灾害，如地震、泥石流、水灾、风暴、建筑物破坏等都可能对计算机网络构成威胁。一些偶发性因素，如电源故障、设备机能的失常、软件开发过程中留下的某些漏洞等也会对计算机网络构成严重威胁。此外，管理不善、规章制度不健全、安全管理水平较低、操作失误、渎职行为等也会对计算机信息安全造成威胁。

三、计算机网络安全的相关对策

1. 技术层面对策

计算机网络安全技术主要有实时扫描技术、实时监测技术、防火墙、完整性检验保护技术、病毒情况分析报告技术和系统安全管理技术等。综合起来，技术层面可以采取以下对策：

（1）建立安全管理制度。提高包括系统管理员和用户在内的人员的技术素质和职业道德修养。对重要部门和信息，严格做好开机查毒，及时备份数据，这是最简单有效的方法。

（2）网络访问控制。访问控制是网络安全防范和保护的主要策略。它的主要任务是保证网络资源不被非法使用和访问。访问控制涉及的技术比较广，包括入网访问控制、网络权限控制、目录级控制以及属性控制等多种手段。

（3）数据库的备份与恢复。数据库的备份与恢复是数据库管理员维护数据安全性和完整性的重要操作。备份是恢复数据库最容易和最能防止意外的保证方法。恢复是在意外发生后利用备份来恢复数据的操作。主要备份策略一般有 3 种：只备份数据库、备份数据库和事务日志以及增量备份。

（4）应用密码技术。密码技术是信息安全核心技术，它为信息安全提供了可靠保证。基于密码的数字签名和身份认证是当前保证信息完整性的最主要方法之一。密码技术主要包括古典密码体制、单钥密码体制、公钥密码体制、数字签名以及密钥管理等。

（5）切断传播途径。对被感染的硬盘和计算机进行彻底杀毒处理，不使用来历不明的 U 盘和程序，不随意下载网络可疑信息。

（6）提高网络反病毒技术能力。通过安装病毒防火墙，进行实时过滤。对网络服务器中的文件进行频繁扫描和监测，在工作站上采用防病毒卡，加强网络目录和文件访问权限的设置。

（7）研发并完善安全性较高的操作系统。研发具有高安全性的操作系统，不给病毒得以滋生的环境。

2. 管理层面对策

计算机网络的安全管理，不仅要看所采用的安全技术和防范措施，而且要看它所采取的管理措施和执行计算机安全保护法律、法规的力度。只有将两者紧密结合，才能确保计算机网络安全。

计算机网络的安全管理，包括对计算机用户的安全教育、建立相应的安全管理机构、不断完善和加强计算机的管理功能、加强计算机及网络的立法和执法力度等方面。

3. 物理安全层面对策

要保证计算机网络系统的安全、可靠，必须保证系统实体有一个安全的物理环境。这个安全的环境是指机房及其设施，主要包括以下内容：

（1）计算机系统的环境。计算机系统的安全环境条件，包括温度、湿度、空气洁净度、腐蚀度、虫害、振动和冲击、电气干扰等方面，都要有具体的要求和严格的标准。

（2）机房场地环境。计算机系统选择一个合适的安装场所十分重要。它直接影响系统的安全性和可靠性。选择机房场地时，要注意其外部环境的安全性、地质可靠性、场地抗电磁干扰性，避开强振动源和强噪声源，并避免设在建筑物高层和用水设备的下层

或隔壁。同时，还要注意出入口的管理。

（3）机房的安全防护。机房的安全防护是针对环境的物理灾害和防止未授权的个人或团体破坏、篡改或盗窃网络设施、重要数据而采取的安全措施和对策。为做到区域安全，第一，应考虑物理访问控制来识别访问用户的身份，并对其合法性进行验证；第二，对来访者必须限定其活动范围；第三，要在计算机系统中心设备外设置多层安全防护圈，以防止非法暴力入侵；第四，设备所在的建筑物应具有抵御各种自然灾害的设施。

四、计算机病毒及防治

1. 计算机病毒的定义

1994 年 2 月 18 日，我国正式颁布实施《中华人民共和国计算机信息系统安全保护条例》，条例第二十八条中明确指出："计算机病毒，是指编制或者在计算机程序中插入的破坏计算机功能或者毁坏数据，影响计算机使用，并能自我复制的一组计算机指令或者程序代码"。

2. 计算机病毒的特点

（1）寄生性

计算机病毒寄生在其他程序之中，当执行该程序时，病毒即产生破坏作用，而在未启动这个程序之前，病毒是不易被人发觉的。

（2）传染性

计算机病毒不但本身具有破坏性，更严重的是具有传染性，一旦病毒被复制或产生变种，其传播速度之快令人难以预防。传染性是计算机病毒的基本特征。

（3）潜伏性

有些病毒像定时炸弹一样，其发作时间是预先设计好的。比如黑色星期五病毒，不到预定时间是觉察不出来的，等到条件具备时即立刻触发，对系统进行破坏。

（4）隐蔽性

计算机病毒具有很强的隐蔽性，有的可以通过病毒软件检查出来，有的则无法通过病毒软件检查出来，还有的时隐时现、变化无常，这类病毒处理起来通常很困难。

（5）破坏性

计算机中毒后，可能会导致正常程序无法运行，或将计算机内的文件删除，或使其产生不同程度的损坏。

（6）可触发性

因某个事件或数值的出现，诱使病毒实施感染或进行攻击的特性称为病毒的可触发性。为了隐蔽自己，病毒必须潜伏。病毒的触发机制就是用来控制感染和破坏动作的频率的。病毒具有预定的触发条件，这些条件可以是时间、日期、文件类型或某些特定数据等。

知识拓展

一、云安全技术

“云安全”（Cloud Security）技术是网络时代信息安全的最新理念，它融合了并行处理、网格计算、未知病毒行为判断等新兴技术和概念，通过网状的大量客户端对网络中软件行为的异常监测，获取互联网中木马、恶意程序的最新信息，推送到服务端进行自动分析和处理，再把病毒和木马的解决方案分发到每一个客户端。

未来来自互联网的主要威胁正在由计算机病毒转向恶意程序及木马，在这样的情况下，采用的特征库判别法显然已经过时。应用云安全技术后，识别和查杀病毒不再仅仅依靠本地硬盘中的病毒库，而是依靠庞大的网络服务，实时进行采集、分析以及处理。整个互联网就是一个巨大的“杀毒软件”，参与者越多，每个参与者就越安全，整个互联网就会更安全。

二、其他常用杀毒软件

除了金山杀毒软件以外，其他常用的杀毒软件还有 360 杀毒软件、卡巴斯基杀毒软件、ESET NOD32 杀毒软件和诺顿杀毒软件等。

1. 360 杀毒软件

360 杀毒软件是一款免费的采用云安全技术的杀毒软件。360 杀毒软件具有查杀率高、资源占用少、升级迅速等特点。

360 杀毒软件整合了国际知名的 Bit Defender 病毒查杀引擎和 360 安全中心研发的云查杀引擎。双引擎智能调度，可提供完善的病毒防护体系。360 杀毒软件不需要激活码，轻巧快速，能为计算机提供全面的保护。

2. 卡巴斯基杀毒软件

卡巴斯基杀毒软件能够保护家庭用户、工作站、邮件系统和文件服务器以及网关。除此之外，还能提供集中管理工具、反垃圾邮件系统、个人防火墙和移动设备的保护。

3. ESET NOD32 杀毒软件

ESET NOD32 Antivirus 和 ESET Smart Security，通常被称为 NOD32，支持 Windows、Linux、FreeBSD 以及其他系统平台，收费提供支持多用户安装的远程管理工具。

4. 诺顿杀毒软件

诺顿杀毒软件也是一个被广泛应用的反病毒程序。该产品除具有防毒功能外，还有防间谍等网络安全防护功能。

思考与练习

1. 安装并个性化设置金山杀毒软件。
2. 使用金山杀毒软件对整个硬盘进行病毒查杀操作。

任务 2　360 安全卫士软件的使用

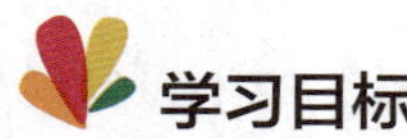

学习目标

1. 掌握系统漏洞的概念及漏洞修复的方法。
2. 掌握恶意软件的定义、特征及防治方法。
3. 掌握防火墙的概念、功能及局限性。
4. 掌握 360 安全卫士软件的使用方法。

任务引入

360 安全卫士、QQ 电脑管家等辅助保护类软件拥有查杀木马、清理插件、修复漏洞、计算机体检等多种功能，可全面、智能地拦截各类木马，保护用户的账号、隐私等重要信息，是目前比较受欢迎的计算机安全软件。本任务就以 360 安全卫士软件为例对辅助保护类软件在计算机网络安全方面的功能进行介绍。

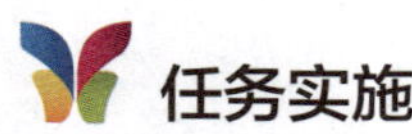

任务实施

一、安装 360 安全卫士软件

1. 打开 360 安全中心网站（http://www.360.cn/），在对应的下载位置单击“下载”按钮下载 360 安全卫士软件的安装程序，如图 3—2—1 所示。

2. 双击运行 360 安全卫士软件的安装程序，根据向导提示完成软件的安装。

● 图 3—2—1

二、电脑体检

1. 依次单击“开始”→“所有程序”→“360 安全卫士”→“360 安全卫士”或双击任务栏右侧的图标，打开 360 安全卫士软件主程序。

2. 在软件主界面的“电脑体检”栏中，单击“立即体检”按钮对计算机进行快速扫描，如图 3—2—2 所示。

● 图 3—2—2

提示：

在首次运行 360 安全卫士时，软件会自动进行全面的体检。

完成体检后的界面如图 3—2—3 所示，软件发现系统存在一些安全隐患。此时，用

户可以单击“一键修复”按钮，或是单击每个项目下的操作按钮对安全隐患和推荐优化的项目进行处理，也可以在对应的单项检查中进行操作。

● 图 3—2—3

三、木马查杀

在主界面的“木马查杀”栏中，可以根据需要选择“快速查杀”“全盘查杀”或“按位置查杀”进行木马查杀，如图 3—2—4 所示。

1. 快速查杀

扫描系统内存、启动对象等关键位置，速度较快。

2. 全盘查杀

扫描系统内存、启动对象及全部磁盘，速度较慢。

3. 按位置查杀

由用户自定义需要扫描的范围。

四、电脑清理

很多软件会在使用之后留下使用痕迹，经常清理可以保护用户的个人隐私。选择“电脑清理”栏，可以根据需要进行电脑清理，如图 3—2—5 所示。

五、系统修复

选择“系统修复”栏可以进行系统漏洞的修复，如图 3—2—6 所示。在扫描结果中，可以选择需要修复的漏洞或单击“全面修复”按钮对漏洞进行全面修复。

提示：

高危漏洞会给系统带来巨大的安全隐患，建议用户进行修复。

六、优化加速

1. 360 安全卫士优化加速功能的窗口界面如图 3—2—7 所示。

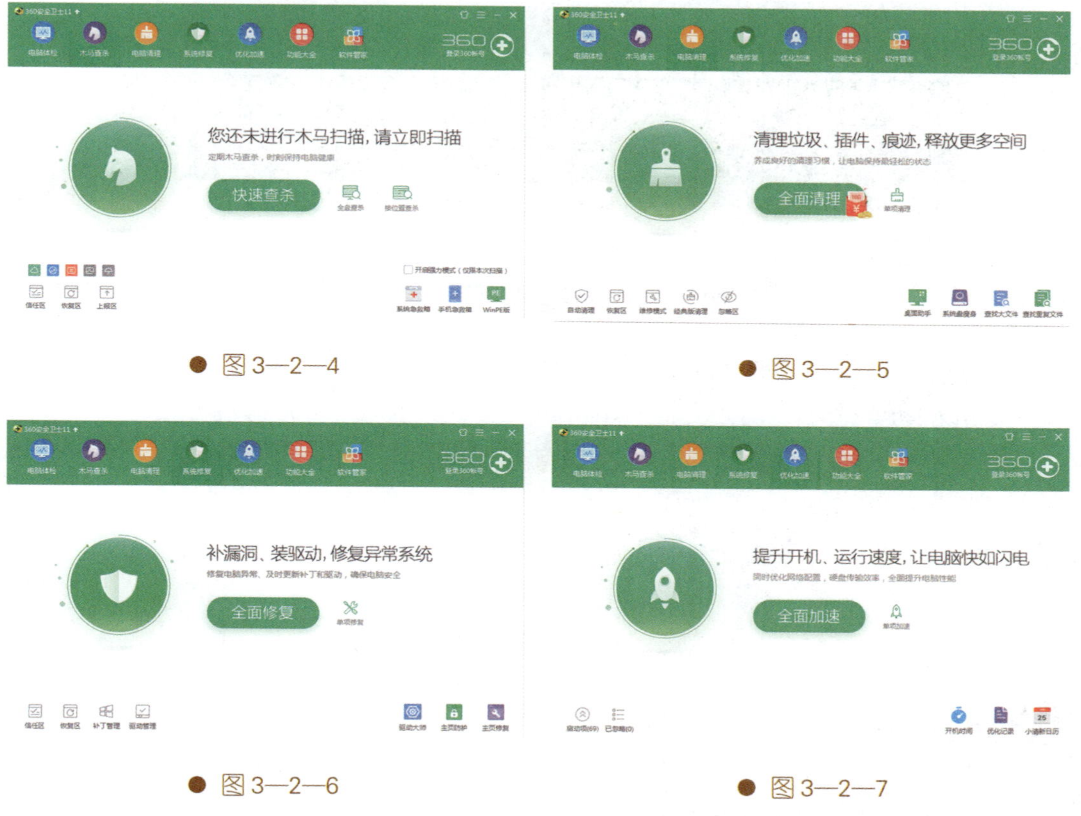

图 3—2—4

图 3—2—5

图 3—2—6

图 3—2—7

2. 单击“全面加速”进行电脑优化扫描，优化扫描完成之后，会显示需要优化的项目，单击相应优化项目可查看具体优化的子项目。选择需要优化的项目，再单击“立即优化”就可以进行优化，如图 3—2—8 所示。

3. 优化完成后，软件会显示优化的问题项，可以在此查看优化的详情，如图 3—2—9 所示。

七、功能大全

360 安全卫士软件除了具备电脑体检、查杀病毒、清理加速等基本功能外，还提供了电脑安全、数据安全、网络优化等实用工具，如图 3—2—10 所示。

● 图 3—2—8

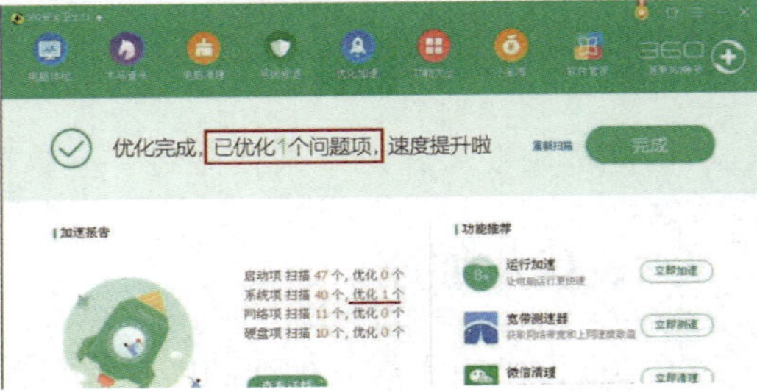

● 图 3—2—9

● 图 3—2—10

相关知识

一、系统漏洞的概念及修复方法

1. 系统漏洞的概念

系统漏洞是指应用软件或操作系统软件在逻辑设计上的缺陷或在编写时产生的错误。系统漏洞可以被不法者或者计算机黑客利用，通过植入木马、病毒等方式来攻击或控制整个计算机，从而窃取用户计算机中的重要资料和信息，甚至破坏用户的系统。

系统漏洞的影响范围很大，包括系统本身及其支撑软件、网络客户和服务器软件、网络路由器和安全防火墙等。换言之，在这些不同的软、硬件设备中都可能存在不同的安全漏洞问题。在不同种类的软、硬件设备之间，同种设备的不同版本之间，由不同设备构成的不同系统之间，以及同种系统在不同的设置条件下，也会存在各自不同的安全漏洞问题。

2. 系统漏洞的修复

任何软件都不可能是十全十美的，它们或多或少都存在着一些问题或漏洞，俗称为BUG。为了解决 BUG 在软件使用过程中带来的安全隐患，在 BUG 被发现后会编写一些程序来修复软件存在的问题或漏洞，使其更完善，通常把这些程序称为补丁。补丁又分为高危漏洞补丁和功能性更新补丁等。

（1）高危漏洞补丁

这类补丁对于系统的安全性非常重要，建议用户一定要安装。

（2）功能性更新补丁

这类补丁用于更新系统或软件的功能，用户可以根据需要进行选择性安装。

安装补丁程序是系统漏洞修复的主要途径，可以在软件的官方网站上下载相应的补丁程序，也可以通过类似 360 安全卫士软件的修复漏洞功能来完成补丁程序的安装，从而修复系统的漏洞。

二、恶意软件的定义、特征及防治方法

1. 恶意软件的定义

中国互联网协会 2006 年 11 月公布的恶意软件的定义为：恶意软件是指在未明确提示用户或未经用户许可的情况下，在用户计算机或其他终端上安装运行，侵害用户合法权益的软件，但不包含我国法律法规规定的计算机病毒。

2. 恶意软件的特征

（1）强制安装

指未明确提示用户或未经用户许可，在用户计算机或其他终端上安装软件的行为。

（2）难以卸载

指未提供通用的卸载方式，或在不受其他软件影响、人为破坏的情况下，卸载后仍然有活动程序的行为。

（3）浏览器劫持

指未经用户许可，修改用户浏览器或其他相关设置，迫使用户访问特定网站或导致用户无法正常上网的行为。

（4）广告弹出

指未明确提示用户或未经用户许可，利用安装在用户计算机或其他终端上的软件弹出广告的行为。

（5）恶意收集用户信息

指未明确提示用户或未经用户许可，恶意收集用户信息的行为。

（6）恶意卸载

指未明确提示用户或未经用户许可，误导、欺骗用户卸载其他软件的行为。

（7）恶意捆绑

指在软件中捆绑已被认定为恶意软件的行为。

（8）其他

指其他侵害用户软件安装、使用和卸载知情权、选择权的恶意行为。

3. 恶意软件的防治

恶意软件具有不同的形式，最典型的有特洛伊木马、后门软件等。因为恶意软件由多种威胁组成，所以需要采取多种方法和技术来保护系统安全。如采用防火墙来过滤潜在的破坏性代码，采用垃圾邮件过滤器、入侵检测系统、入侵防御系统等来加固网络，加强对破坏性代码的防御能力。除此之外，也应当采取措施防止恶意软件在局域网内传播，如：

（1）正确使用电子邮件和网络。

（2）禁止或监督非网络源的协议在企业网络内使用。

（3）确保在所有的桌面系统和服务器上安装最新的浏览器、操作系统、应用程序补丁，并确保垃圾邮件和浏览器的安全设置达到适当水平。

（4）确保安装安全软件，及时更新并且使用最新的数据库。

（5）不要授权普通用户使用管理员权限，特别要注意不要让其下载和安装设备驱动程序，因为这正是许多恶意软件乘虚而入的方式。

（6）制定处理恶意软件的策略，组建可担负网络安全职责并能够定期执行安全培训的团队。

三、防火墙的概念、功能及局限性

1. 防火墙的概念

防火墙是指由软件和硬件设备组合而成，在内部网和外部网之间、专用网与公共网之间、Internet 与 Intranet 之间的界面上构造的保护屏障，用以保护内部网免受非法用户的侵入。防火墙主要由服务访问规则、验证工具、包过滤和应用网关 4 个部分组成。

2. 防火墙的功能

防火墙系统应具备以下几个方面的特性和功能：

（1）所有内部网络和外部网络之间交换的数据都可以而且必须经过防火墙。

（2）只有防火墙系统中安全允许的数据才可以自由出入防火墙，其他数据禁止通过。

（3）防火墙本身受到攻击后，应当能够稳定有效地工作。

（4）防火墙应当可以有效地记录和统计网络的使用情况。

（5）防火墙应当有效地过滤、筛选和屏蔽一切有害的服务和信息。

（6）防火墙应当能隔离网络中的某些网段，防止一个网段的故障传播到整个网络。

3. 防火墙的局限性

防火墙技术不能解决所有的安全问题，因为它存在以下不足：

（1）防火墙不能防范不经过防火墙的攻击。例如，内部网络用户如果采用独立接入上网的方式，就会绕过防火墙系统所提供的安全保护，从而造成了一个潜在的后门攻击渠道。

（2）防火墙不能防范恶意的知情者或内部用户误操作造成的威胁，以及由于口令泄漏而受到的攻击。

（3）防火墙不能防止受病毒感染的软件或木马文件的传输。由于病毒、木马、文件加密、文件压缩的种类太多，而且更新很快，所以防火墙无法逐个扫描每个文件以查找病毒。

（4）由于防火墙不检测数据的内容，因此防火墙不能防止数据驱动式的攻击。有些表面看来无害的数据或邮件在内部网络主机上被执行时，可能会发生数据驱动式攻击。

另外，物理上不安全的防火墙设备、配置不合理的防火墙、防火墙在网络中的位置不当等情况，都会使防火墙形同虚设。

360 安全卫士软件的高级工具介绍

1. 开机加速

实际应用中，并不是所有的软件都需要在计算机启动时立刻运行，过多软件在开机时运行不仅拖慢启动速度，占用系统资源，更可能被木马利用，留下安全隐患。

360 安全卫士软件的开机加速功能会提示用户对开机的启动项、服务等进行管理，以加快计算机的启动速度，提高系统性能。“启动项”优化操作界面如图 3—2—11 所示。

● 图 3—2—11

2. 上网管理

上网管理能帮助用户进行网速管理、保护网速、防蹭网、测网速等，通过网速管理可以找出拖慢网速的程序，提高网络速度。管理网速的操作界面如图 3—2—12 所示。

● 图 3—2—12

3. 断网急救箱

断网急救箱能在断网的情况下，帮助用户诊断网络故障，诊断出故障后可以对网络进行简单的修复，断网急救箱的操作界面，如图 3—2—13 所示。

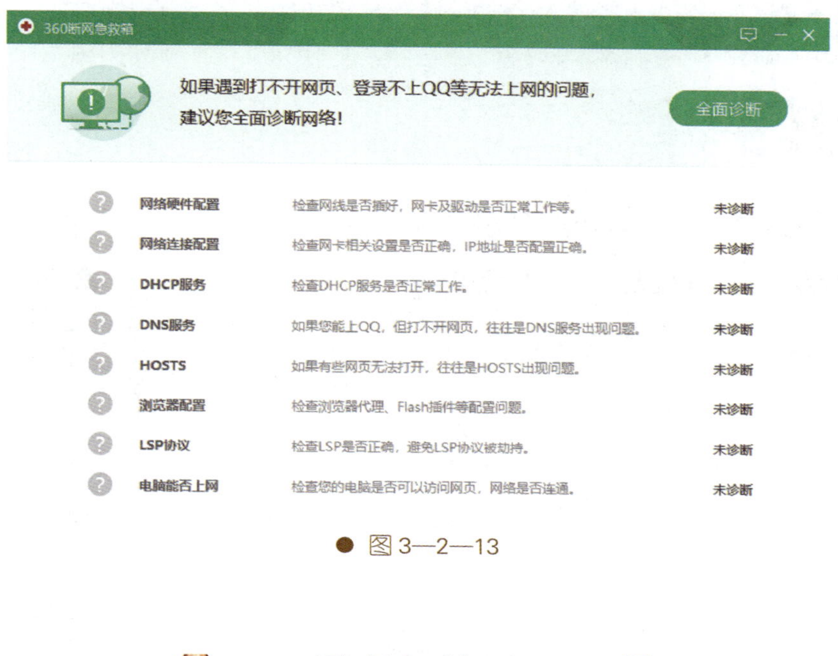

图 3—2—13

思考与练习

1. 运用 360 安全卫士软件查杀木马、清理插件、修复系统漏洞。
2. 运用 360 安全卫士软件清理电脑垃圾及电脑使用痕迹。

项目四
Internet 的故障检查

Windows 操作系统自带了许多网络命令，这些命令虽然简单，但却有着非常强大的功能，不论是在网络故障的检测、排除，还是在网络的设置与配置等方面都有着很强的实用性。本项目将介绍常用网络命令的功能和使用方法。

具体任务设置如下：

- 使用专用工具对一般网络故障进行检查。
- 使用 ping 命令检查网络故障。
- 使用 ipconfig 命令查看网络配置。
- 使用 tracert 命令跟踪路由。

任务 1　使用专用工具对一般网络故障进行检查

学习目标

1. 能够使用专用工具软件排查和修复网络故障。
2. 了解网速的基本概念，并能使用工具软件进行测速。
3. 了解常见网络故障及其排除流程。

任务引入

现代生活与网络的联系日益紧密，但在长时间使用计算机的过程中，偶尔还是会遇到断网现象。在联系宽带服务提供商之前，先使用网络专用工具对网络进行修复，有时会直接解决网络故障。

任务实施

一、使用电脑管家修复网络

1. 下载并安装电脑管家

通过浏览器进入电脑管家官网（https://guanjia.qq.com/），单击“立即下载”按钮，下载电脑管家的安装包，然后运行下载的安装包文件，选择好安装位置后，单击“立即安装”按钮，即可自动进行安装，如图 4—1—1 所示。

● 图 4—1—1

2. 打开网络修复工具

安装完成后，双击电脑管家图标打开电脑管家，然后单击右下方的“工具箱”按钮，然后选择并单击“上网”选项卡里的“网络修复”按钮，打开网络修复工具，如图 4—1—2 所示。

3. 使用修复工具

单击网络修复工具中的“立即修复”按钮，如图 4—1—3 所示，此时会出现提示“修复此项可能会关闭 IE”，单击“确定”按钮后，程序自动进入诊断过程。

网络修复工具将从网络硬件配置、DHCP 服务、IP 地址配置、DNS 配置、hosts 文件、IE 代理设置等方面对网络进行诊断，诊断结束后，如果对应检测项目后出现“异常”字样，说明此项存在问题。单击“立即修复”按钮，网络修复工具会自动完成修复，如图 4—1—4 所示。若网络修复工具无法修复“异常”项目，说明是宽带线路或者设备出现故障，通常会出现“651”和“678”错误代码。

图 4—1—2

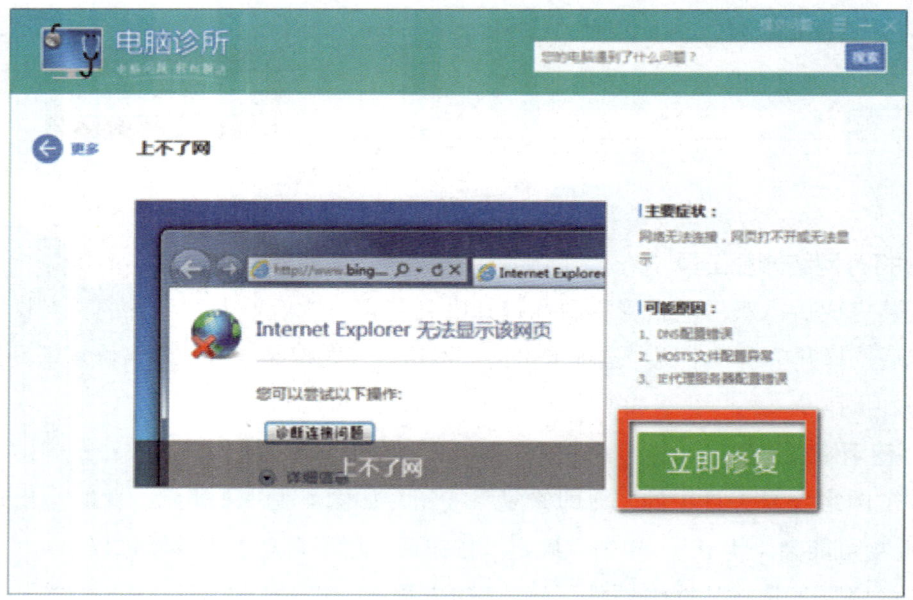

图 4—1—3

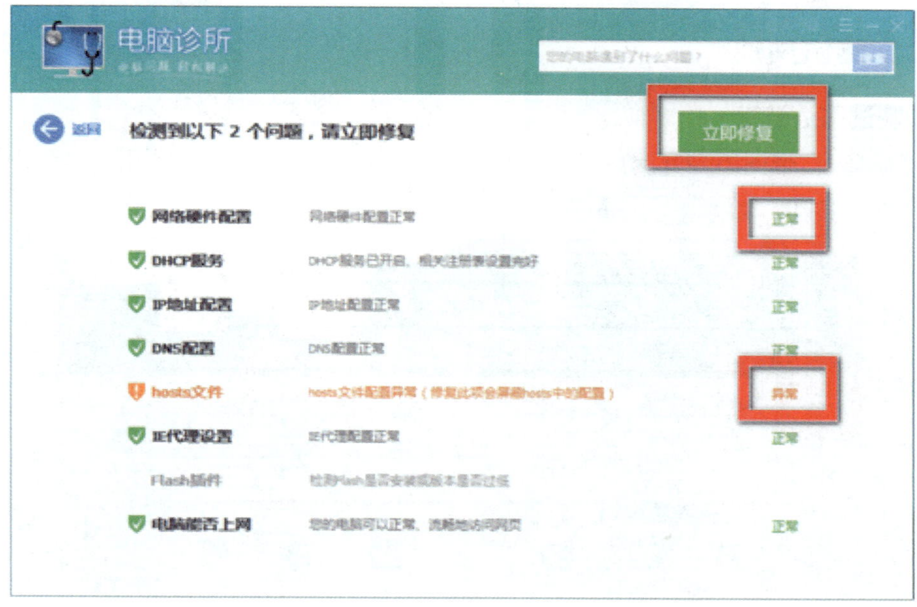

● 图 4—1—4

网络修复工具自动完成网络修复后，软件将出现提示“已经完成常规修复，请验证问题是否解决？”，如图 4—1—5 所示。单击“点击验证”后，浏览器会自动弹出腾讯官网，如果能打开网页，说明网络修复成功。

● 图 4—1—5

二、测试网速

1. 测试网络带宽

电脑管家自带网络带宽测试工具。打开“工具箱”界面，在“常用”选项卡中单击“测试网速”按钮，如图 4—1—6 所示。

● 图 4—1—6

单击“测试网速”按钮后，软件将自动进行网速测试，并在“测试网速”界面中显示带宽、运营商、地理位置、IP 地址、下载和上传速度，如图 4—1—7 所示。

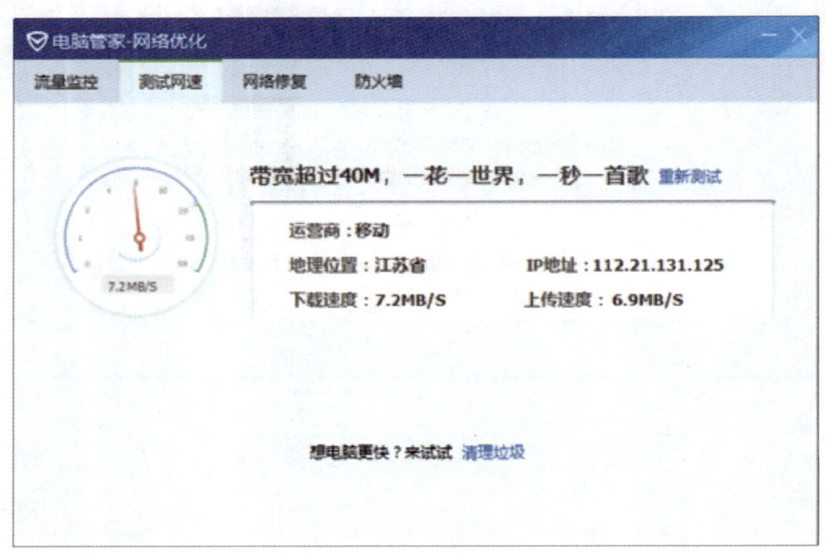

● 图 4—1—7

在“测试网速”选项卡的左侧，还有“流量监控”选项卡，在这个选项卡中，可以清晰的看到系统各程序访问网络和占用带宽的详细情况，如图 4—1—8 所示。

电脑管家-网络优化

流量监控　测试网速　网络修复　防火墙

当前有 30 个程序正在访问网络，下载速度：0KB/S，上传速度：0KB/S

名称	下载速度	上传速度	占用程度	操作
运行的程序				
nvcontainer.exe	0KB/S	0KB/S	低	禁用网络
knbcenter.exe	0KB/S	0KB/S	低	禁用网络
dashost.exe	0KB/S	0KB/S	低	禁用网络
nvidia web helper.exe	0KB/S	0KB/S	低	禁用网络
winword.exe	0KB/S	0KB/S	低	禁用网络
nvcontainer.exe	0KB/S	0KB/S	低	禁用网络
qqliveservice.exe	0KB/S	0KB/S	低	禁用网络
downloadsdkserver....	0KB/S	0KB/S	低	禁用网络

● 图 4—1—8

2. 测试网络延时

在浏览器地址栏中输入“ping.chinaz.com”，进入站长之家官网。在页面内找到“Ping 检测”，选择需要测试的线路类型后输入需要测试的网站网址（此处以“baidu.com”为例），然后单击“Ping 检测”按钮开始网络延时测试。

耐心等待一段时间后，页面将显示测试结果，页面左侧以颜色表示本机到地图中各个服务器的网络访问延时，右侧则以表格的形式列出了对应的详细延时数据信息，如图 4—1—9 所示。

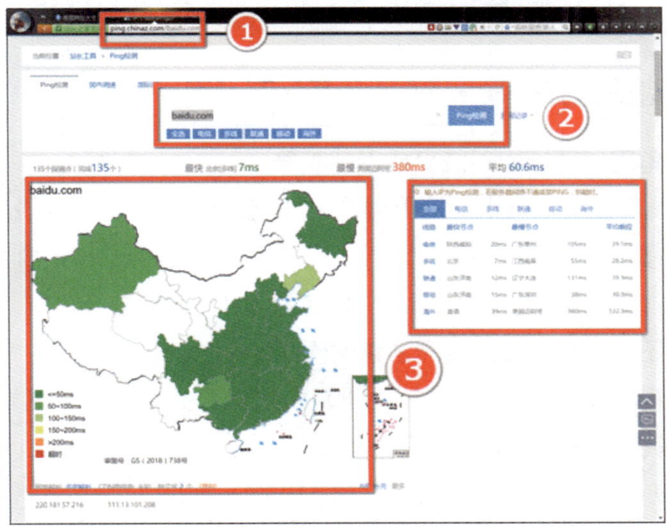

● 图 4—1—9

相关知识

一、网速的基本概念

1. 网络带宽

网络带宽是指在单位时间（一般指 1 s）内能传输的数据量。网络和高速公路类似，带宽越大，车道越多，其通行能力越强。网络带宽作为衡量网络特征的一个重要指标，日益受到人们的关注。它不仅是政府或单位制订网络通信发展策略的重要依据，也是互联网用户选择互联网接入服务商的主要考虑因素。

在日常上网过程中，通过下载软件下载速度显示也能粗略估算出带宽。但是因为 ISP 提供的线路带宽使用的单位是比特（bit），而一般下载软件显示的是字节（Byte，1 Byte=8 bit），所以要通过换算，才能得到带宽值。以 1 M 宽带为例，其换算公式如下：

1 Mb/s=1 024*1 024 b/s=1 024 Kb/s=（1 024/8）KB/s=128 KB/s

2. 网络延时

网络延时是一个数据包从用户的计算机发送到网站服务器，然后再从网站服务器返回用户计算机的来回时间，单位为 ms。

网络延时的高低与网速快慢的直观感受关系密切：

1～30 ms：极快，几乎察觉不出有延迟，网络特别顺畅。

31～50 ms：良好，没有明显的延迟情况。

51～100 ms：普通，能感觉出有延迟情况。

>100 ms：差，延迟情况严重，出现丢包甚至掉线现象。

二、常见网络故障

1. 桌面右下角网络图标出现红叉或者感叹号

故障原因：物理连接（网卡、路由器等）、驱动与硬件故障，网络协议配置错误。

2. 上网速度缓慢

故障原因：有其他软件或设备大量占用带宽、DNS 解析缓慢。

3. 无线连接不上，或连接上后无法访问网络

故障原因：无线网卡驱动故障、手动设置了错误的 IP 地址、路由配置错误等。

4. 无法打开网页，但是 QQ 能正常登录

故障原因：DNS 失效或者手动配置了错误的 DNS 地址。

三、一般网络故障排除流程

面对一般网络故障，可以按照检查系统 TCP/IP 协议→检查网卡→检查网线→检查路由器→检查 Modem →联系宽带服务提供商的顺序进行故障排除。其中，系统 TCP/IP 协议、网卡和路由器的检查可借助 ping、ipconfig、tracert 等命令，具体方法参见后续任务，检查网线、检查 Modem 和联系宽带服务提供商的方法如下：

1. 检查网线

如果系统本身的网络协议正常，测试本机的 IP 地址也正常，那么接下来就应该检查整个网络系统的网线连接是否稳固，以及各条网线本身是否存在故障。

一般家庭网络系统的网线包括“网卡到路由器”和“路由器到 Modem”两部分，如图 4—1—10 所示。可以通过重新插拔网线、更换网线、更换网线在路由器以及 Modem 上的网络接口等方法来排除网线故障。

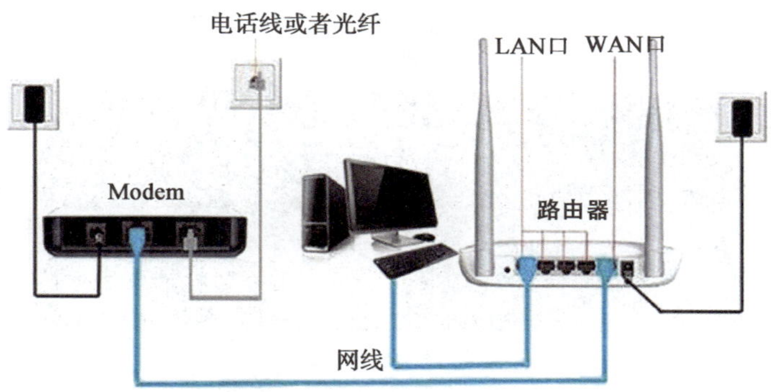

图 4—1—10

2. 检查 Modem

一般 Modem 上都有 PWR、DSL、LAN 等各种指示灯，如图 4—1—11 所示，通过这些指示灯的不同点亮状态可以指示出 Modem 的不同工作状态。

图 4—1—11

PWR 灯：电源指示灯。如果已连接电源，但 PWR 灯不亮，说明设备硬件存在故障。

DSL 灯：用于显示 Modem 的同步情况。常亮绿灯表示 Modem 与局端能够正常同步，红灯表示没有同步，绿灯闪烁表示正在建立同步，时亮时灭表示有可能是受室内电话分机的影响。

LAN 灯：用于显示 Modem 与网卡或路由器的连接是否正常，如果此灯不亮，说明 Modem 与网卡或路由器的连接存在问题，当网线中有数据传送时，此灯会闪烁。

Modem 故障排查方法：

（1）检查电话线或光纤。检查入户后的分离器是否接好；检查分离器前是否接有其他设备，接线盒或水晶头是否完好；检查电话线是否有损坏；检查光纤是否折断或者与 Modem 连接处存在脱落情况等。

（2）复位 Modem。在接通电源的情况下，找到设备后面的复位键，如图 4—1—12 所示，用笔芯等坚硬物品按压复位键，并保持按压状态 10 s 以上，即复位成功。

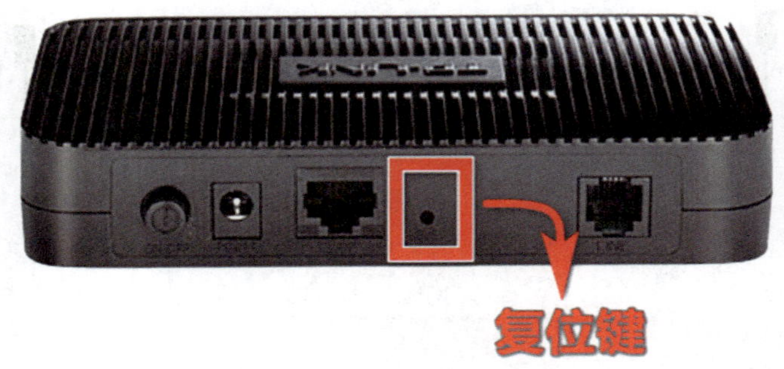

图 4—1—12

3. 联系宽带服务提供商

按顺序进行了所有故障排除的情况下，如网络故障依旧存在，可联系对应宽带服务提供商，获取技术服务支持，常见宽带服务提供商的客服电话见表 4—1—1。

表 4—1—1　常见宽带服务提供商客服电话

移动	10086
电信	10000
联通	10010
长城宽带	95079
铁通	10050

思考与练习

1. 使用 360 安全管家、金山卫士、百度卫士等网络修复软件进行网络检测和修复，并分析对比它们各自的优缺点。

2. 分析无线 WiFi 无法连接或者连接上了但无法打开网页的故障原因。

任务 2 使用 ping 命令检查网络故障

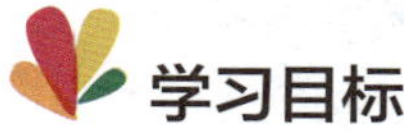

学习目标

1. 掌握使用 ping 命令检查网络故障的方法。

2. 熟悉 ping 命令的常用参数。

任务引入

ping 命令的作用是通过发送“Internet 控制消息协议（ICMP）”回响请求消息来验证与另一台 TCP/IP 计算机的 IP 级连接状态，回响应答消息的接收情况将和往返过程的次数一起显示出来。

正常情况下，当使用 ping 命令来查找问题所在或检验网络运行情况时，需要使用许多 ping 命令。如果所有运行都正确，则可以相信基本的连通性和配置参数没有问题；如果某些 ping 命令出现运行故障，则可以指明到何处去查找问题。本任务就来了解一个典型的检测次序及对应的可能状态。

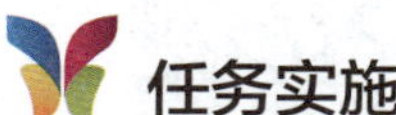

任务实施

一、启动“命令提示符”窗口

依次单击“开始”→“所有程序”→“附件”→“命令提示符”，打开“命令提示符”窗口，如图 4—2—1 所示。或利用组合键“Win+R”打开“运行”，在“运行”项目栏中输入命令“cmd”，单击“确定”按钮打开“命令提示符”窗口。

```
C:\WINDOWS\system32\cmd.exe
Microsoft Windows XP [版本 5.1.2600]
(C) 版权所有 1985-2001 Microsoft Corp.

C:\Documents and Settings\Jiajia>
```

图 4—2—1

二、ping 127.0.0.1

在“命令提示符”窗口中执行命令：ping 127.0.0.1。127.0.0.1 是回送地址，指本地机。这个地址只要操作系统正常，即使网卡没插网线，也是一直存在的。这条 ping 命令被送到本地计算机的回送地址，正常状态下的测试结果如图 4—2—2 所示。

如果在运行 ping 命令结果中时间超时，就表示 TCP/IP 的安装或运行存在某些最基本的问题，如网卡接触不良、网卡损坏等。

```
C:\>ping 127.0.0.1

Pinging 127.0.0.1 with 32 bytes of data:

Reply from 127.0.0.1: bytes=32 time<1ms TTL=128
Reply from 127.0.0.1: bytes=32 time<1ms TTL=128
Reply from 127.0.0.1: bytes=32 time<1ms TTL=128
Reply from 127.0.0.1: bytes=32 time<1ms TTL=128

Ping statistics for 127.0.0.1:
    Packets: Sent = 4, Received = 4, Lost = 0 (0% loss),
Approximate round trip times in milli-seconds:
    Minimum = 0ms, Maximum = 0ms, Average = 0ms

C:\>
```

图 4—2—2

三、ping 本机 IP

在“命令提示符”窗口中执行命令：ping 192.168.1.4（192.168.1.4 为本机的 IP 地址，在实际操作中，本机的 IP 地址可以通过 ipconfig 命令或者其他方法查询）。这条

ping 命令被送到本地计算机所配置的 IP 地址，计算机始终都应该对 ping 命令做出应答，如果没有，则表示本地配置或安装存在问题。出现此问题时，用户可以断开网络电缆，然后重新发送该命令。如果网线断开后本命令正确，则表示另一台计算机可能配置了相同的 IP 地址。正常状态下的测试结果如图 4—2—3 所示。

```
C:\>ping 192.168.1.4

Pinging 192.168.1.4 with 32 bytes of data:

Reply from 192.168.1.4: bytes=32 time<1ms TTL=128
Reply from 192.168.1.4: bytes=32 time<1ms TTL=128
Reply from 192.168.1.4: bytes=32 time<1ms TTL=128
Reply from 192.168.1.4: bytes=32 time<1ms TTL=128

Ping statistics for 192.168.1.4:
    Packets: Sent = 4, Received = 4, Lost = 0 (0% loss),
Approximate round trip times in milli-seconds:
    Minimum = 0ms, Maximum = 0ms, Average = 0ms

C:\>
```

● 图 4—2—3

四、ping 局域网内的其他 IP

在“命令提示符”窗口中执行命令：ping 192.168.1.3（192.168.1.3 为局域网内另外一台计算机的 IP 地址）。这条 ping 命令经过网卡及传输介质到达局域网内的其他计算机再返回。正确收到应答表明本地网络中的网卡和传输介质运行正常，如果收到 0 个应答则表示局域网传输介质或局域网相关配置存在问题。正常状态下的测试结果如图 4—2—4 所示。

```
C:\>ping 192.168.1.3

Pinging 192.168.1.3 with 32 bytes of data:

Reply from 192.168.1.3: bytes=32 time=83ms TTL=128
Reply from 192.168.1.3: bytes=32 time=5ms TTL=128
Reply from 192.168.1.3: bytes=32 time=28ms TTL=128
Reply from 192.168.1.3: bytes=32 time=52ms TTL=128

Ping statistics for 192.168.1.3:
    Packets: Sent = 4, Received = 4, Lost = 0 (0% loss),
Approximate round trip times in milli-seconds:
    Minimum = 5ms, Maximum = 83ms, Average = 42ms

C:\>
```

● 图 4—2—4

值得注意的是，如果在 ping 命令的目标计算机上安装有防火墙，并且对 ping 命令

进行了限制，此时 ping 命令也不会正常收到应答。

五、ping 网关 IP

在“命令提示符”窗口中执行命令：ping 192.168.1.1（192.168.1.1 为当前的网关 IP，实际操作中，网关 IP 可以通过 ipconfig 命令或者其他方法查询）。这条 ping 命令如果应答正确，则表示局域网中的网关路由器正在运行并能够做出应答，正常状态下的测试结果如图 4—2—5 所示。

```
C:\>ping 192.168.1.1

Pinging 192.168.1.1 with 32 bytes of data:

Reply from 192.168.1.1: bytes=32 time<1ms TTL=64
Reply from 192.168.1.1: bytes=32 time<1ms TTL=64
Reply from 192.168.1.1: bytes=32 time<1ms TTL=64
Reply from 192.168.1.1: bytes=32 time<1ms TTL=64

Ping statistics for 192.168.1.1:
    Packets: Sent = 4, Received = 4, Lost = 0 (0% loss),
Approximate round trip times in milli-seconds:
    Minimum = 0ms, Maximum = 0ms, Average = 0ms

C:\>
```

图 4—2—5

六、ping 远程 IP

在“命令提示符”窗口中执行命令：ping 61.159.232.73（61.159.232.73 为一远程 IP）。这条 ping 命令可以检测计算机能否访问 Internet，如果应答正确则表明计算机能够正常访问互联网。正常状态下的测试结果如图 4—2—6 所示。

```
C:\>ping 61.159.232.73

Pinging 61.159.232.73 with 32 bytes of data:

Reply from 61.159.232.73: bytes=32 time=17ms TTL=59
Reply from 61.159.232.73: bytes=32 time=15ms TTL=59
Reply from 61.159.232.73: bytes=32 time=15ms TTL=59
Reply from 61.159.232.73: bytes=32 time=15ms TTL=59

Ping statistics for 61.159.232.73:
    Packets: Sent = 4, Received = 4, Lost = 0 (0% loss),
Approximate round trip times in milli-seconds:
    Minimum = 15ms, Maximum = 17ms, Average = 15ms

C:\>
```

图 4—2—6

在此条命令中，也可以直接利用 ping 命令来 ping 某个域名，这样既能检测出计算机能否正常访问互联网，同时也可以检测出目标网站的可访问性。例如，在“命令提示符”窗口中执行命令：ping www.yncts.com.cn，既可检测出计算机能否上网，又能检测出网站 www.yncts.com.cn 能否访问，执行结果如图 4—2—7 所示。

```
C:\>ping www.yncts.com.cn

Pinging www.yncts.com.cn [61.188.87.21] with 32 bytes of data:

Reply from 61.188.87.21: bytes=32 time=40ms TTL=120
Reply from 61.188.87.21: bytes=32 time=31ms TTL=120
Reply from 61.188.87.21: bytes=32 time=46ms TTL=120
Reply from 61.188.87.21: bytes=32 time=31ms TTL=120

Ping statistics for 61.188.87.21:
    Packets: Sent = 4, Received = 4, Lost = 0 (0% loss),
Approximate round trip times in milli-seconds:
    Minimum = 31ms, Maximum = 46ms, Average = 37ms

C:\>
```

图 4—2—7

七、关闭“命令提示符”窗口

单击“命令提示符”窗口右上角的 ☒ 按钮，或在“命令提示符”窗口中执行命令：exit，即可退出命令提示符窗口。

如果上面列出的所有 ping 命令都能正常运行，则表示计算机进行本地和远程通信的功能没有问题。但是，这并不表示所有的网络配置都没有问题。例如，某些子网掩码错误就无法用 ping 命令检测到。因此，ping 命令只是用来进行最基本和简单的网络测试，它并不是万能的。

相关知识

一、ping 命令简介

ping（Packet Internet Grope，因特网包探索器）是测试网络连接状况以及信息包发送和接收状况非常有用的工具，是网络测试最常用的命令。

ping 命令向目标主机（地址）发送一个回送请求数据包，要求目标主机收到请求后给予答复，从而判断网络的响应时间和本机是否与目标主机（地址）连通。

如果执行 ping 命令不成功，则可以预测故障出现在以下几个方面：网线故障、网络适配器配置不正确、IP 地址不正确。如果执行 ping 命令成功而网络仍无法使用，则

问题很可能出在网络系统的软件配置方面。ping 命令成功只能保证本机与目标主机间存在一条连通的物理路径。

二、ping 命令的执行结果

1. 正常的执行结果

按照缺省设置，Windows 上运行的 ping 命令发送 4 个数据包，每个数据包大小为 32 字节，如果一切正常，应能得到 4 个回送应答，如图 4—2—8 所示。

```
Reply from 192.168.1.4: bytes=32 time<1ms TTL=128
Reply from 192.168.1.4: bytes=32 time<1ms TTL=128
Reply from 192.168.1.4: bytes=32 time<1ms TTL=128
Reply from 192.168.1.4: bytes=32 time<1ms TTL=128

Ping statistics for 192.168.1.4:
    Packets: Sent = 4, Received = 4, Lost = 0 (0% loss),
Approximate round trip times in milli-seconds:
    Minimum = 0ms, Maximum = 0ms, Average = 0ms
```

● 图 4—2—8

其中，time 表示发送回送请求到返回回送应答之间的时间量。如果应答时间短，表示数据报不必通过太多的路由器或网络，连接速度比较快。

TTL（Time To Live，生存时间）是指 ping 命令发送的这一个数据包能在网络上存在的时间。当对网络上的主机进行 ping 操作时，本地机器会发出一个数据包，数据包经过一定数量的路由器传送到目的主机，但是由于很多原因，一些数据包不能正常传送到目的主机，如果不给这些数据包一个生存时间，这些数据包会一直在网络上传送，导致网络消耗增大。当数据包传送到一个路由器之后，TTL 就自动减 1，如果减到 0 了还没有传送到目的主机，就会自动丢失。

2. 常见的失败反馈信息

（1）Request timed out（请求超时）：这是比较常见的 ping 命令执行失败信息，出现这一反馈信息的原因可能是以下几种情况：

1）对方已关机，或者网络上根本没有这个地址。

2）对方与自己不在同一网段内，通过路由也无法找到对方。

3）对方确实存在，但设置了 ICMP 数据包过滤（比如防火墙设置）。

（2）Destination host unreachable（无法到达目标主机）：出现这一反馈信息的原因可能是以下几种情况：

1）对方与自己不在同一网段内，而自己又未设置默认的路由。

2）网线有故障。

“Destination host unreachable” 和 “Request timed out” 的区别是：如果所经过的路由器的路由表中具有到达目标的路由，而目标因为其他原因不可到达，这时候会出现 “Request timed out”；如果路由表中连到达目标的路由都没有，就会出现 “Destination host unreachable”。

（3）ping request could not find host …Please check the name and try again.（ping 命令无法找到指定主机，请检查主机名后重试。）

三、ping 命令的语法格式及常用参数

1. 语法格式

ping [–t] [–a] [–n count] [–l size] [–f] [–i TTL] [–r count] [–s count] [–w timeout] target_name

2. 常用参数

（1）–t　连续对 IP 地址执行 ping 命令。在默认情况下，ping 命令只发送 4 个数据包，通过这个参数可以向目标地址连续不断地发送数据包，直到用户以 “Ctrl+C” 组合键中断。

（2）–a　解析计算机 NetBIOS 名。

（3）–n count　发送 count 指定数量的数据包数。在默认情况下，ping 命令只发送 4 个数据包，通过这个参数可以自己定义发送的数据包个数。

（4）–l size　定义数据包大小。在默认情况下，ping 命令发送的数据包大小为 32 字节，通过这个参数可以自己定义数据包大小，但最大只能定义为 65 500 字节。

（5）–f　在数据包中发送 “不要分段” 标识。一般情况下，用户所发送的数据包都会通过路由分段再发送给对方，加上此参数以后路由就不再对数据包进行分段处理。

（6）–i TTL　将 “生存时间” 字段设置为 TTL 指定的值。指定 TTL 值在对方的系统里停留的时间，同时检查网络运转情况。

（7）–r count　在 “记录路由” 字段中记录传出和返回数据包的路由。一般情况下，用户发送的数据包是通过一个个路由才到达对方的，通过此参数就可以设定用户想探测经过的路由的个数，通常限制在 9 个以内，也就是说只能跟踪到 9 个路由，如果想探测更多，可以通过 tracert 命令实现。

（8）–s count　指定 count 跃点数的时间戳。与参数 –r 作用类似，但此参数不记录数据包返回所经过的路由，最多只记录 4 个。

（9）–w timeout　将超时间隔设置为 timeout 指定的值，单位为 ms。

（10）target_name　指定要 ping 的远程计算机。

思考与练习

使用 ping 命令测试当前计算机的网络连接情况是否正常。如不正常，测试哪里出现了故障。

任务 3　使用 ipconfig 命令查看网络配置

学习目标

1. 掌握利用 ipconfig 命令查询网络配置的方法。
2. 熟悉 ipconfig 命令的常用参数。

任务引入

了解计算机当前的 IP 地址、子网掩码和默认网关是进行网络测试和故障分析的必要项目。当计算机的 IP 地址被配置为静态 IP 时，可以很容易地利用 Windows 操作系统的“Internet 协议（TCP/IP）属性”对话框查看、修改计算机的网络配置。但很多时候，计算机常被配置为“自动获得 IP 地址”，此时计算机的 IP 地址、子网掩码、默认网关等信息都是自动获取的。在这种情况下，利用 ipconfig 命令可以快速地查询计算机当前的网络配置情况。

任务实施

一、使用 ipconfig 命令查看网络基本配置

在“命令提示符”窗口中执行命令：ipconfig，即可查看计算机当前的 IP 地址、子网掩码和默认网关等基本网络配置信息，如图 4—3—1 所示。

二、使用 ipconfig 命令查看完整的网络配置

在“命令提示符”窗口中执行命令：ipconfig/all，即可查看计算机当前的主机名、网卡信息、IP 地址、子网掩码、默认网关、DHCP 和 DNS 等详细网络配置信息，如图 4—3—2 所示。

```
C:\>ipconfig

Windows IP Configuration

Ethernet adapter 本地连接:

        Connection-specific DNS Suffix  . :
        IP Address. . . . . . . . . . . . : 192.168.1.4
        Subnet Mask . . . . . . . . . . . : 255.255.255.0
        Default Gateway . . . . . . . . . : 192.168.1.1

C:\>
```

● 图 4—3—1

```
C:\>ipconfig/all

Windows IP Configuration

        Host Name . . . . . . . . . . . . : jia
        Primary Dns Suffix  . . . . . . . :
        Node Type . . . . . . . . . . . . : Unknown
        IP Routing Enabled. . . . . . . . : No
        WINS Proxy Enabled. . . . . . . . : No

Ethernet adapter 本地连接:

        Connection-specific DNS Suffix  . :
        Description . . . . . . . . . . . : Realtek RTL8168/8111 PCI-E Gigabit E
thernet NIC
        Physical Address. . . . . . . . . : 00-19-DB-CB-30-98
        Dhcp Enabled. . . . . . . . . . . : Yes
        Autoconfiguration Enabled . . . . : Yes
        IP Address. . . . . . . . . . . . : 192.168.1.4
        Subnet Mask . . . . . . . . . . . : 255.255.255.0
        Default Gateway . . . . . . . . . : 192.168.1.1
        DHCP Server . . . . . . . . . . . : 192.168.1.1
        DNS Servers . . . . . . . . . . . : 192.168.1.1
        Lease Obtained. . . . . . . . . . : 2010年7月17日 16:17:28
        Lease Expires . . . . . . . . . . : 2010年7月18日 16:17:28

C:\>
```

● 图 4—3—2

三、使用 ipconfig 命令释放 / 更新动态分配的 IP 地址

这一组 ipconfig 命令只适用于启用了 DHCP 的计算机。

1. 在“命令提示符”窗口中执行命令：ipconfig/release，此时将释放动态分配的 IP 地址，计算机的 IP 地址和子网掩码将变成“0.0.0.0”，如图 4—3—3 所示。

2. 在“命令提示符”窗口中执行命令：ipconfig/renew，此时将重新为计算机动态分配 IP 地址，成功获取 IP 地址后的命令提示符窗口如图 4—3—4 所示。

值得注意的是，大多数情况下网卡将被重新赋予与释放前相同的 IP 地址。

```
C:\>ipconfig/release

Windows IP Configuration


Ethernet adapter 本地连接:

        Connection-specific DNS Suffix  . :
        IP Address. . . . . . . . . . . . : 0.0.0.0
        Subnet Mask . . . . . . . . . . . : 0.0.0.0
        Default Gateway . . . . . . . . . :

C:\>
```

● 图 4—3—3

```
C:\>ipconfig/renew

Windows IP Configuration


Ethernet adapter 本地连接:

        Connection-specific DNS Suffix  . :
        IP Address. . . . . . . . . . . . : 192.168.1.4
        Subnet Mask . . . . . . . . . . . : 255.255.255.0
        Default Gateway . . . . . . . . . : 192.168.1.1

C:\>
```

● 图 4—3—4

四、使用 ipconfig 命令清除 DNS 客户端缓存中的信息

若出现使用域名无法打开网站，但直接使用 IP 地址可以打开网站的情况，很可能是因为用户的 DNS 缓存过期引起的。要解决这类问题，用户可以使用 ipconfig 命令手动清除 DNS 缓存中的信息。具体操作方法如下：

1. 在“命令提示符”窗口中执行命令：ipconfig/flushdns，即可清除 DNS 缓存中的信息，如图 4—3—5 所示。

```
C:\>ipconfig/flushdns

Windows IP Configuration

Successfully flushed the DNS Resolver Cache.

C:\>
```

● 图 4—3—5

2. 在“命令提示符”窗口中执行命令：ipconfig/displaydns，即可显示 DNS 缓存情况，如图 4—3—6 所示。从显示的缓存情况可以看出，DNS 缓存已经被成功清除。

```
C:\>ipconfig/displaydns

Windows IP Configuration

         1.0.0.127.in-addr.arpa
         ----------------------------------------
         Record Name . . . . . : 1.0.0.127.in-addr.arpa.
         Record Type . . . . . : 12
         Time To Live  . . . . : 575056
         Data Length . . . . . : 4
         Section . . . . . . . : Answer
         PTR Record  . . . . . : localhost


         localhost
         ----------------------------------------
         Record Name . . . . . : localhost
         Record Type . . . . . : 1
         Time To Live  . . . . : 575056
         Data Length . . . . . : 4
         Section . . . . . . . : Answer
         A (Host) Record . . . : 127.0.0.1

C:\>
```

图 4—3—6

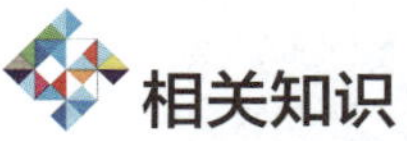

相关知识

一、ipconfig 命令简介

ipconfig 命令主要用于查看计算机当前的 TCP/IP 配置情况，这些信息一般用来检验人工配置的 TCP/IP 设置是否正确。如果用户的计算机和所在的局域网使用了动态主机配置协议（DHCP），这个网络命令会更加实用。这时，用户可以通过 ipconfig 命令查看详细的 TCP/IP 配置情况，并可以释放、重新租用 IP 地址，清除、显示 DNS 客户端缓存中的信息。

二、ipconfig 命令的语法格式及常用参数

1. 语法格式

ipconfig [/all] [/renew] [/release] [/flushdns] [/displaydns] [/registerdns] [/showclassid] [/setclassid]

2. 命令参数

（1）/all　显示本机 TCP/IP 配置的详细信息。

（2）/renew　DHCP 客户端手工向服务器刷新请求。

（3）/release　DHCP 客户端手工释放 IP 地址。

（4）/flushdns　清除本地 DNS 缓存内容。

（5）/displaydns　显示本地 DNS 内容。

（6）/registerdns　DNS 客户端手工向服务器进行注册。

（7）/showclassid　显示网络适配器的 DHCP 类别信息。

（8）/setclassid　设置网络适配器的 DHCP 类别。

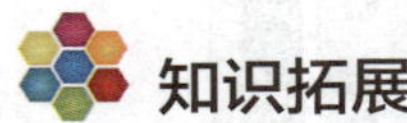

知识拓展

一、获取命令语法格式和参数说明的方法

在“命令提示符”窗口中执行“命令 /? ”即可显示出命令的语法格式和相关的参数说明。例如，执行“ipconfig/? ”即可显示出 ipconfig 命令的语法格式和详细的参数说明，如图 4—3—7 所示。

```
C:\>ipconfig/?

USAGE:
    ipconfig [/? | /all | /renew [adapter] | /release [adapter] |
              /flushdns | /displaydns | /registerdns |
              /showclassid adapter |
              /setclassid adapter [classid] ]

where
    adapter          Connection name
                    (wildcard characters * and ? allowed, see examples)

    Options:
       /?            Display this help message
       /all          Display full configuration information.
       /release      Release the IP address for the specified adapter.
       /renew        Renew the IP address for the specified adapter.
       /flushdns     Purges the DNS Resolver cache.
       /registerdns  Refreshes all DHCP leases and re-registers DNS names
       /displaydns   Display the contents of the DNS Resolver Cache.
       /showclassid  Displays all the dhcp class IDs allowed for adapter.
       /setclassid   Modifies the dhcp class id.

The default is to display only the IP address, subnet mask and
default gateway for each adapter bound to TCP/IP.

For Release and Renew, if no adapter name is specified, then the IP address
leases for all adapters bound to TCP/IP will be released or renewed.

For Setclassid, if no ClassId is specified, then the ClassId is removed.

Examples:
    > ipconfig                       ... Show information.
    > ipconfig /all                  ... Show detailed information
    > ipconfig /renew                ... renew all adapters
    > ipconfig /renew EL*            ... renew any connection that has its
                                         name starting with EL
    > ipconfig /release *Con*        ... release all matching connections,
                                         eg. "Local Area Connection 1" or
                                             "Local Area Connection 2"
C:\>
```

图 4—3—7

二、hostname 命令

在“命令提示符”窗口中执行命令：hostname，即可快速查询当前计算机的计算机名，如图 4—3—8 所示，当前计算机的计算机名为“jia”。

● 图 4—3—8

思考与练习

1. 使用 ipconfig 命令查看当前计算机的详细网络配置。
2. 使用 ipconfig 命令释放动态分配的 IP 地址，并重新租用 IP 地址。

任务 4　使用 tracert 命令跟踪路由

学习目标

1. 掌握使用 tracert 命令跟踪路由的方法。
2. 熟悉 tracert 命令的常用参数。

任务引入

在进行网络故障的诊断和测试时，有时候需要跟踪从本机到目的主机的路由情况，虽然使用 ping 命令的“-r count”参数也可以记录路由情况，但它只能跟踪 9 个路由信息。此时，可以使用 tracert 命令，该命令可以跟踪数据包到达目的主机所经过的详细路径，显示数据包经过的中继节点清单及到达时间，这些数据在某些特定的情况下可以对网络故障的诊断和测试起到一定的帮助。

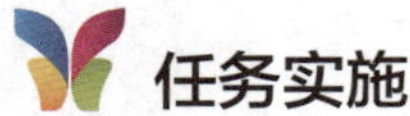

任务实施

一、使用 tracert 命令跟踪指定主机的路由情况

在“命令提示符”窗口中执行命令：tracert www.yunnan.cn（这里以 www.yunnan.cn 为例），即可显示出从本机到 www.yunnan.cn 的路由情况，如图 4—4—1 所示。

```
C:\>tracert www.yunnan.cn

Tracing route to www.yunnan.cn [116.55.226.112]
over a maximum of 30 hops:

  1    12 ms    15 ms    15 ms  1.110.54.116.broad.km.yn.dynamic.163data.com.cn
[116.54.110.1]
  2    15 ms    15 ms    15 ms  73.1.115.112.broad.km.yn.dynamic.163data.com.cn
[112.115.1.73]
  3    15 ms    15 ms    15 ms  21.255.53.116.broad.km.yn.dynamic.163data.com.cn
 [116.53.255.21]
  4    15 ms    15 ms    15 ms  222.221.31.237
  5    15 ms    15 ms    15 ms  222.221.31.50
  6    15 ms    15 ms    15 ms  220.165.1.34
  7    15 ms    15 ms    15 ms  112.226.55.116.broad.km.yn.dynamic.163data.com.c
n [116.55.226.112]

Trace complete.

C:\>
```

图 4—4—1

二、使用 tracert 命令跟踪指定主机的路由情况，并防止将每个 IP 地址解析为它的路由器名称

在“命令提示符”窗口中执行命令：tracert –d www.yunnan.cn，即可显示出从本机到 www.yunnan.cn 的路由情况，并且只以 IP 地址的形式显示，如图 4—4—2 所示。

```
C:\>tracert -d www.yunnan.cn

Tracing route to www.yunnan.cn [116.55.226.112]
over a maximum of 30 hops:

  1    23 ms    15 ms    15 ms  116.54.110.1
  2    15 ms    15 ms    15 ms  112.115.1.73
  3    15 ms    15 ms    15 ms  116.53.255.21
  4    15 ms    15 ms    15 ms  222.221.31.237
  5    15 ms    15 ms    15 ms  222.221.31.50
  6    15 ms    31 ms    15 ms  220.165.1.34
  7    15 ms    15 ms    15 ms  116.55.226.112

Trace complete.

C:\>
```

图 4—4—2

相关知识

一、tracert 命令简介

tracert 是 Windows 操作系统自带的一个路由跟踪实用程序，用于确定 IP 数据包访问目标所采取的路径。该命令用 IP 生存时间（TTL）字段和 ICMP 错误消息来确定从一个主机到网络上其他主机的路由。

二、tracert 工作原理

通过向目标发送不同 IP 生存时间（TTL）值的“Internet 控制消息协议（ICMP）”回应数据包，tracert 诊断程序确定到目标所采取的路由。要求路径上的每个路由器在转发数据包之前至少将数据包上的 TTL 递减 1。数据包上的 TTL 减为 0 时，路由器将“ICMP 已超时”的消息发回源系统。

tracert 先发送 TTL 为 1 的回应数据包，并在随后的每次发送过程中将 TTL 递增 1，直到目标响应或 TTL 达到最大值，从而确定路由。通过检查中间路由器发回的“ICMP 已超时”的消息确定路由。但某些路由器不经询问直接丢弃 TTL 过期的数据包，这在 tracert 实用程序中看不到。

三、tracert 命令的语法格式及常用参数

1. 语法格式

tracert [-d] [-h maximum_hops] [-j host-list] [-w timeout] target_name

2. 常用参数

（1）-d　指定不将 IP 地址解析到主机名称。

（2）-h maximum_hops　指定跃点数以跟踪到称为 target_name 的主机的路由，默认为 30 个跃点。

（3）-j host-list　指定 tracert 实用程序数据包所采用路径中的路由器接口列表。

（4）-w timeout　等待 timeout 为每次回复所指定的毫秒数。

（5）target_name　目标主机的名称或 IP 地址。

知识拓展

tracert 命令执行结果分析

［示例 1］

C:\>tracert –d 116.53.255.41

Tracing route to 116.53.255.41 over a maximum of 30 hops

1　72 ms 31 ms 15 ms 116.54.110.1

2　15 ms 15 ms 15 ms 222.172.200.153

3　15 ms 15 ms 15 ms 116.53.255.41

Trace complete.

从命令执行情况可以看出，数据包必须通过两个路由器 116.54.110.1 和 222.172.200.153 才能到达目的主机 116.53.255.41。

［示例 2］

C:\>tracert 192.168.10.99

Tracing route to 192.168.10.99 over a maximum of 30 hops

1　10.0.0.1　reports：Destination net unreachable

Trace complete.

从命令执行情况可以看出，默认网关确定 192.168.10.99 主机没有有效路径，这可能是路由器配置的问题，或者是 192.168.10.0 网络不存在（错误的 IP 地址）。

思考与练习

使用 tracert 命令跟踪从本机到 www.sina.com.cn 的路由情况，并防止每个 IP 地址解析它的路由器名称。